JN176779

電子情報通信レクチャーシリーズ **C-8**

音声・言語処理

電子情報通信学会◉編

広瀬啓吉 著

コロナ社

▶電子情報通信学会 教科書委員会 企画委員会◀

- ●委員長 ────── 原 島 博（東京大学名誉教授）
- ●幹事 ──────── 石 塚 満（東京大学名誉教授）
  （五十音順）
  　　　　　　　　　　大 石 進 一（早稲田大学教授）
  　　　　　　　　　　中 川 正 雄（慶應義塾大学名誉教授）
  　　　　　　　　　　古 屋 一 仁（東京工業大学名誉教授）

▶電子情報通信学会 教科書委員会◀

- ●委員長 ────── 辻 井 重 男（東京工業大学名誉教授）
- ●副委員長 ───── 神 谷 武 志（東京大学名誉教授）
  　　　　　　　　　　宮 原 秀 夫（大阪大学名誉教授）
- ●幹事長兼企画委員長 ── 原 島 博（東京大学名誉教授）
- ●幹事 ──────── 石 塚 満（東京大学名誉教授）
  （五十音順）
  　　　　　　　　　　大 石 進 一（早稲田大学教授）
  　　　　　　　　　　中 川 正 雄（慶應義塾大学名誉教授）
  　　　　　　　　　　古 屋 一 仁（東京工業大学名誉教授）
- ●委員 ──────── 122 名

（2015 年 1 月現在）

刊行のことば

　新世紀の開幕を控えた 1990 年代，本学会が対象とする学問と技術の広がりと奥行きは飛躍的に拡大し，電子情報通信技術とほぼ同義語としての"IT"が連日，新聞紙面を賑わすようになった．

　いわゆる IT 革命に対する感度は人により様々であるとしても，IT が経済，行政，教育，文化，医療，福祉，環境など社会全般のインフラストラクチャとなり，グローバルなスケールで文明の構造と人々の心のありさまを変えつつあることは間違いない．

　また，政府が IT と並ぶ科学技術政策の重点として掲げるナノテクノロジーやバイオテクノロジーも本学会が直接，あるいは間接に対象とするフロンティアである．例えば工学にとって，これまで教養的色彩の強かった量子力学は，今やナノテクノロジーや量子コンピュータの研究開発に不可欠な実学的手法となった．

　こうした技術と人間・社会とのかかわりの深まりや学術の広がりを踏まえて，本学会は 1999 年，教科書委員会を発足させ，約 2 年間をかけて新しい教科書シリーズの構想を練り，高専，大学学部学生，及び大学院学生を主な対象として，共通，基礎，基盤，展開の諸段階からなる 60 余冊の教科書を刊行することとした．

　分野の広がりに加えて，ビジュアルな説明に重点をおいて理解を深めるよう配慮したのも本シリーズの特長である．しかし，受身的な読み方だけでは，書かれた内容を活用することはできない．"分かる"とは，自分なりの論理で対象を再構築することである．研究開発の将来を担う学生諸君には是非そのような積極的な読み方をしていただきたい．

　さて，IT 社会が目指す人類の普遍的価値は何かと改めて問われれば，それは，安定性とのバランスが保たれる中での自由の拡大ではないだろうか．

　哲学者ヘーゲルは，"世界史とは，人間の自由の意識の進歩のことであり，… その進歩の必然性を我々は認識しなければならない"と歴史哲学講義で述べている．"自由"には利便性の向上や自己決定・選択幅の拡大など多様な意味が込められよう．電子情報通信技術による自由の拡大は，様々な矛盾や相克あるいは摩擦を引き起こすことも事実であるが，それらのマイナス面を最小化しつつ，我々はヘーゲルの時代的，地域的制約を超えて，人々の幸福感を高めるような自由の拡大を目指したいものである．

　学生諸君が，そのような夢と気概をもって勉学し，将来，各自の才能を十分に発揮して活躍していただくための知的資産として本教科書シリーズが役立つことを執筆者らと共に願っ

ている．

　なお，昭和55年以来発刊してきた電子情報通信学会大学シリーズも，現代的価値を持ち続けているので，本シリーズとあわせ，利用していただければ幸いである．

　終わりに本シリーズの発刊にご協力いただいた多くの方々に深い感謝の意を表しておきたい．

　2002年3月

電子情報通信学会 教科書委員会

委員長　辻 井 重 男

まえがき

　筆者が，情報処理の観点から音声の研究を始めたのは，課程博士号を取得し，東京大学に任官することとなった1977年4月からであり，以来，40年弱，一貫して音声研究を進めてきている．しばらくの間，学部の講義には，音声を中心テーマとした講義はなかったが，音声認識や音声合成が一般にもなじみのある技術となったのを期に，音声にテーマを絞った学部3年生向けの講義として，「言語・音声情報処理」が，2008年度からスタートした．

　講義のスタートに先駆けて，本書の執筆依頼を受けたが，忙しさにかまけて先延ばしするうちに，音声合成への隠れマルコフモデルの導入など，新しい内容が次々と加わり，なかなか構想がまとまらなかった．コロナ社の編集スタッフの励ましで，各章ごとに講義の内容を拡充し，ようやく完成することができた．その間にも，隠れ層が複数の多層ニューラルネットワークを効果的に学習する枠組み（deep learning）が構築され，一時，下火となっていたニューラルネットワークを音声認識に利用する試みが盛んに行われるなどしている．実際，音声関係の主要国際会議であるIEEE International Conference on Acoustics, Speech, and Signal Processing（ICASSP）やInternational Speech Communication Association（ISCA）のINTERSPEECHなどで，多くの研究論文を見ることができる．この流れは，更に，声質変換などの音声合成分野にも波及してきている．筆者の研究室でも，研究テーマとしているが，まだ，評価や手法が定まっていない面もあり，学部学生を主たる読者と想定している本書では特に言及しなかった．筆者が研究をスタートした頃は，動的なパターン照合が音声認識の主要技術として用いられていたのを考えると隔世の感がする．

　音声信号・情報処理の研究が本格的に行われるようになってから，70年を超える歳月が経過し，音声認識や音声合成は当たり前の技術として，我々の生活に入り込むようになっている．当初は，発話の制約が多く，認識誤りで使いにくかった音声認識も，雑音下で，ある程度自由な発話をしても高精度で認識できるようになっている．音声関係の会議では，音声認識，音声合成，言語翻訳の融合技術である音声翻訳を用いて，異言語間の音声対話のデモがよく行われるが，その品質の高さには驚かされる．ただ，このような機器を用いて，自由に海外で生活できる日が来るまでには，まだ，だいぶ時間がかかるような気がしている．それは，このような機器が，多量のデータベースを用いた統計的処理に，支えられたものであり，人間の音声言語活動に対する理解が必ずしも進んでいないことにある．

　ビッグデータを用いることで，単なる量の拡大から，質の向上が得られることは論を待た

ないが，音声によって伝達される内容を適切に理解したり，自由な発話スタイルの音声を生成したりするためには，人間の音声生成，受容過程に関する息の長い研究が不可欠であると考えている．統計的手法の導入により，音声合成や音声認識は，これから学ぶ学生にとって，昔と比べると，ある意味，敷居が低くなっているが，音声の生成などの音声研究を進める上での基礎も，ぜひ忘れずに学んでいただきたい．

　最後に，本書の執筆に際し，忍耐強く励ましていただいた，コロナ社の関係各位に謝意を表する．

　2015 年 3 月

広　瀬　啓　吉

目　　次

1. 序　　　論

2. 音声と情報伝達
 2.1　文字言語と音声言語 …………………………………………… 4
 談話室　フィラー ………………………………………………… 4
 2.2　音声の特徴 ……………………………………………………… 5
 2.3　音声によるコミュニケーション ……………………………… 7
 談話室　音声対話システム ……………………………………… 7
 本章のまとめ ……………………………………………………… 8
 理解度の確認 ……………………………………………………… 8

3. 音声生成とモデル
 3.1　発音器官と音声の生成 ………………………………………… 10
 3.2　音（オン）と音素 ……………………………………………… 11
 3.3　音声の生成過程と周波数特性 ………………………………… 14
 3.4　音　　源 ………………………………………………………… 16
 談話室　基本周波数とピッチ（周波数） ……………………… 18
 3.5　声道伝達特性 …………………………………………………… 19
  3.5.1　波動方程式と一般解 …………………………………… 19
  3.5.2　均一音響管 ……………………………………………… 20
  3.5.3　不均一音響管 …………………………………………… 21
  3.5.4　子音の伝達特性と反共振 ……………………………… 22
  3.5.5　電気回路との対応 ……………………………………… 23

| 3.5.6 一般の1次元音響管……………………………… 25
| 3.6 放射特性 ………………………………………………………… 26
| 3.7 調音結合 ………………………………………………………… 27
| 3.8 韻律的特徴 ……………………………………………………… 28
| 談話室 臨界制動2次線形系 …………………………………………… 29
| 本章のまとめ ………………………………………………………… 30
| 理解度の確認 ………………………………………………………… 30

4. 音声分析

  4.1 窓　　掛 ………………………………………………………… 32
  4.2 離散信号化 ……………………………………………………… 33
  4.3 短時間エネルギーと短時間自己相関関数 …………………… 34
  談話室 窓掛と時間領域の処理 ……………………………………… 35
  4.4 周波数スペクトル ……………………………………………… 36
  談話室 スペクトログラフ …………………………………………… 38
  4.5 線形予測分析 …………………………………………………… 40
  談話室 線形予測 ……………………………………………………… 40
  4.6 自己相関法とPARCOR分析 …………………………………… 44
  4.7 極/フォルマントの抽出 ……………………………………… 46
  4.8 ケプストラム …………………………………………………… 49
  談話室 メル尺度 ……………………………………………………… 52
  4.9 基本周波数の抽出 ……………………………………………… 54
  4.10 STRAIGHT分析 ………………………………………………… 55
  本章のまとめ ………………………………………………………… 55
  理解度の確認 ………………………………………………………… 56

5. 自然言語処理

  5.1 自然言語の解析 ………………………………………………… 58
  5.2 形態素解析 ……………………………………………………… 58
  談話室 文　　節 ……………………………………………………… 59

5.3 構文解析	60
5.4 意味解析	64
5.5 文脈解析・談話解析	67
談話室　SHRDLU	68
5.6 機械翻訳	69
談話室　文生成	70
本章のまとめ	72
理解度の確認	72

6. 音声合成

6.1 テキストからの音声合成	74
6.2 言語処理（文解析）	74
6.3 音韻処理	75
6.3.1 分節的特徴	75
6.3.2 韻律的特徴	76
6.4 音響処理	78
6.4.1 音声波形の生成手法	78
6.4.2 コーパスベース音声合成と波形編集方式	79
6.4.3 ターミナルアナログ音声合成	80
6.4.4 韻律的特徴の合成	81
6.5 HMM音声合成	84
6.6 柔軟な音声合成：種々の声質・発話スタイルの合成	86
6.7 声質変換	87
談話室　原音声と目標音声の結合ベクトルによる声質変換	89
6.8 概念からの音声合成	90
談話室　音声を造る	90
本章のまとめ	91
理解度の確認	92

7. 音声認識

- 7.1 処理の流れ ……………………………………………… 94
- 7.2 特徴量 ……………………………………………………… 94
- 談話室　韻律的特徴と音声認識 ……………………………… 96
- 7.3 LPCケプストラム距離（パターン間の距離）…………… 96
- 7.4 動的計画法による単語照合 ……………………………… 97
- 7.5 統計的決定理論 …………………………………………… 99
- 7.6 音響モデル–隠れマルコフモデル– ……………………… 101
  - 7.6.1 隠れマルコフモデル ……………………………… 101
  - 7.6.2 前向き確率と後ろ向き確率 ……………………… 104
  - 7.6.3 観測系列に対するモデルの尤度の評価 ………… 104
  - 7.6.4 状態系列の推定 …………………………………… 106
  - 7.6.5 HMMパラメータの最尤推定 …………………… 106
  - 7.6.6 出力確率分布の共通化 …………………………… 108
- 7.7 言語モデル ………………………………………………… 109
- 7.8 探索 ………………………………………………………… 111
- 談話室　連続音声認識システムの性能評価指標 …………… 112
- 7.9 頑健な音声認識 …………………………………………… 112
- 談話室　変換行列の特徴 ……………………………………… 114
- 本章のまとめ …………………………………………………… 115
- 理解度の確認 …………………………………………………… 116

引用・参考文献 ……………………………………………… 117
理解度の確認；解説 ………………………………………… 125
索　　引 ……………………………………………………… 127

1 序　論

　音声による情報の伝達は，人間の社会活動の最も自然かつ重要な基盤となっている．話し手は，発信したい情報がある場合，まず脳内で発声内容を構築する．この際，情報伝達の前提となる共通知識は発話内容に含めないなどの情報を適切に伝えるための戦略を取る．このため，対話の場合など，話し手・聞き手の知識内容や周囲の状況によって発話内容が異なってくる．次に，調音器官に動作指令を出し，発話内容に対応する音声を生成する．音声は音波として空気中を伝搬し，聞き手に到達する．聴覚系により一定の周波数分析が行われ，聞き手の脳内で認識され，当初の発話内容が理解される．この過程は，通信の送信（符号化），伝搬，受信（復号化）にアナロジーされる．伝搬中の情報の欠落や，符号化・復号化のプロセスの異なりがあると，意思の疎通が障害されることになる．

　音声の生成，伝達，知覚の過程を解明するには，脳科学，生理学，音響物理学，音韻論，言語理論などの学問が必要であり，更に，音声の分析，処理には，MRIなどの発声器官の動きの観測手法，音響信号の解析の前提としてのデジタル信号処理，音声認識や合成のコーパスベース手法のための統計理論や機械学習といった学問分野が関係する．このように，音声の研究は，言語学，医学，物理学，工学にわたる学際性の強いものとなっている．したがって，音声に関連した項目は，生成，知覚，分析，符号化，合成，認識，対話，教育，医療と多岐にわたり，それらをすべて紹介することは本書の範囲を超える．本書では，音声応用の基盤技術である音声合成，音声認識を中心に，それらを理解するに必要な音声生成，音声分析に言及するにとどめる．本書で割愛した音声知覚（聴覚）については，巻末文献1) などに，全般的に詳しく解説されているので参照されたい．ヒトの聴覚の機構に関し，長年にわたってモデル化が進められてきた．これに関しては，巻末文献2) などでまとめられている．

　アナログの音声信号をデジタル信号とする際に，音声の特徴を利用し，大幅なデータ圧縮

を行うことができる．これを**音声符号化**と呼び，音声の高能率伝送技術などとして幅広く利用されている．当然，音声分析と関係が深いが，音声信号と言語情報の対応関係を中心とした本書では，特に取り扱わなかった．通信の重要な分野であり，音声符号化に焦点を当てた書籍も多いので，参考にされたい[3]†．

　本書では，まず，2章では，音声の特徴とそれにより伝達される情報について概観し，次に3章では，音声の生成を説明する．母音，鼻子音，有声・無声破裂音，有声・無声摩擦音を初めとして，音声は特徴が大きく異なる種々の**音**（オン）から構成される．これを概観した上で，母音を中心にその音響的特徴量との対応を解説する．音声はマイクロフォンを介して電気信号（音声波形）に変換され，フーリエ変換を初めとする種々の信号処理手法を用いて分析が行われる．4章では，音声波形の（デジタル）信号処理手法を紹介する．6章，7章では，音声対話システム，発音教育システムなどの音声応用システムの基盤技術としての音声合成，音声認識を紹介する．近年の進展が著しい分野であり，最先端の研究が行われている．本書では，基本技術を中心に述べる．

　音声で伝達される主要な情報は言語情報であり，自然言語処理との関連が深い．この観点から，5章を自然言語処理の概略の説明にあてている．ただ，2章で述べるように，自然言語処理の対象は，主として書き言葉であり，話し言葉である音声言語とは異なる点があることに留意する必要がある．更に，韻律に代表されるように，文字には通常表記されない情報が音声には含まれる．

---

† 肩付き数字は，巻末の引用・参考文献の番号を表す．

2 音声と情報伝達

　人間は，視覚，聴覚を介して，多量の言語情報を効率的に授受している．言語情報は文字あるいは音声として伝達され，前者は文字言語，後者は音声言語と呼ばれる．文字言語は記録性に優れており，多量の文書が保存されている．インターネットの登場により，文字による多量の情報が容易に得られるようになり，その有効な利用方策が盛んに研究されている．一方，音声言語は文字言語の発生のはるか以前から人間の情報伝達手段として活用されており，根源的かつ効率的な情報伝達手段である．現代でも，識字率が50%に満たない国が依然存在しているのに対し，音声言語は全員が共有している．
　人間のコミュニケーションでは，文字言語あるいは音声言語の表層的な情報に加え，いわゆる言外の情報というものが存在する．音声には，意図や感情といったこのような情報が特に豊富である．本章では，音声によって伝達される情報を整理し，それが，音声のどのような特徴によって伝達されるかを整理する．

2.1 文字言語と音声言語

　言語の伝達媒体には，文字と音声があり，それによって伝達される言語をそれぞれ**文字言語**（written language），**音声言語**（spoken language）と呼ぶ．書き言葉，話し言葉とも呼ばれるが，音声合成技術やツイッターの登場により，両者の定義には曖昧な部分も存在するようになった．例えば，書かれた文書を音声合成によって読み上げれば，情報は音声によって伝達されることになるが，話し言葉と呼ぶのは適さない．また，ツイッターは文字表記されるが話し言葉であろう．この観点からは，（韻律を抜きにすれば）文体から両者を議論するのが自然であろう．

　文字言語には，公式文書，新聞，教科書，小説，随筆，メモなど，いろいろバラエティーがあるが，基本的には文法に沿ったものである．一方，音声言語にも，ニュース，講義，講演，（目的のある）会話，雑談などのバラエティーがあるが，文法に沿わない場合が多く存在するようになる．ニュースの場合は，多くの場合，文法に沿った発声が行われるが，講義や講演では，言い誤り，言い淀み，言い直し，倒置，省略など，従来の書き言葉を対象とした文法には沿わない，いわゆる不規則発話が多く存在するようになる．会話や雑談では，相手の発話によって，自身の発話内容が決まるため，文字表記を音声化するといったプロセスを経ない自発発話の側面が強くなり，不規則発話の割合が増加する．このような，不規則発話の存在が，音声認識を困難なものとする一つの大きな要因になっている．

　文字言語には，印刷と手書きの二つの表記がある．当然，後者の方がバラエティーに富み，その文字認識は困難になる．音声言語には印刷表記はないが，ニュースのように明確に調音される場合と，雑談のようにそうでない場合がある．不規則発話が多くなれば，一般的に調音も明確でないことが多く，（発話ごとの）変動も大きいため，音声認識をより困難なものとしている．

☕ 談 話 室 ☕

フィラー　不規則発話として，"アー"，"エー"などを挿入するフィラー（filler）がある．発話を伴った休止ということで filled pause とも呼ばれる．従来は，音声の理解に不要なものとして考えられていたが，フィラーの挿入により，後続の句の理解を促進

するという研究が報告されるようになっている[1]．フィラーは，自発発話を自然なものとする役割を果たすという側面もあり，単に不要なものではない．音声認識での活用も期待されるが，現状では不要なものとして扱われる．

2.2 音声の特徴

3章で述べるように，音声には，個々の音を特徴付ける特徴に加え，音の高さの変化の様子といった特徴が存在し，情報の伝達を担っている．前者は**分節的特徴**（segmental feature）と呼ばれ，おもに音声のスペクトルの包絡といった声道形状が担う音素や音節の情報として現れるのに対し，後者は**超分節的特徴**（supra-segmental feature）と呼ばれ，アクセント，抑揚，リズムなどの長時間にわたる情報の伝達に重要な役割を果たす．おもに基本周波数，パワー，長さといった音源に関する特徴が情報を担い，**韻律的特徴**（prosodic feature）と呼ばれる．分節的特徴は，単語の同定に主要な役割を果たしているのに対し，超分節的・韻律的特徴は，アクセント型として単語の同定を補佐するとともに，統語境界や文の意味，更には話題の焦点といった高次の言語情報の表現に重要な役割を果たしている．更には，態度，意図，感情といった文字言語では直接表現されないパラ・非言語情報の表現に主要な役割を果たしている[2]．この観点から，分節的特徴は，音声言語のうち，その文字表記に直接対応する情報を担うのに対し，超分節的・韻律的特徴は，文字表記には直接現れない情報を担っているといえる．表 2.1 は，超分節的・韻律的特徴によって伝達される情報を整理して示した

表 2.1 超分節的・韻律的特徴によって伝達される情報

情報の種類		内　容
言語情報	語義情報	アクセント型，声調
	統語情報	統語境界，係り受け
	意味情報	平叙・疑問文
	談話情報	話題・焦点，段落
パラ・非言語情報		態度，意図，感情，個人性

注）言語情報は文字として直接的に表記される情報であり，パラ・非言語情報は，表記されない情報である．パラ言語情報は，意図や態度のように，言語情報を補完するもの，非言語情報は，個人性のようにそれ以外の情報である．感情をパラ言語情報，非言語情報のいずれに分類するかについては議論がある．

ものである．なお，中国語の四声などの声調は，音節単位で定義され，語義と深く関わるものであるが，前後の音節の声調の影響を受け，句中での位置で物理的特徴が大きく変化するなど，超分節的特徴としての側面も強い．

音源の特徴として，基本周波数，パワー，長さのほかに，音源波形の形状があり，スペクトルの全体の形状が変化する．これは，個人性の伝達などに重要な役割を果たす韻律的特徴である．なお，音源の特徴は個々の音の生成の前提でもあり，特に，日本語の長母音や促音のように，長さが音素の主要な特徴となっている場合には，音素の同定に関与するものとして分節的特徴として捉えるのが適切であろう．

アクセント，抑揚，リズムは，基本周波数，パワー，長さなどの絶対的な値というよりも，その相対的，時間的変化によって表現される．例えば，基本周波数の高さは，男性，女性といった個人性を表現するが，一時点の高さではなく，平均的な高さである．アクセント型や統語境界といった言語情報の伝達は，時間変化としての基本周波数パターンが担う．長さは平均値からのずれが，早い，遅いといった情報を表し，焦点や態度，あるいは意図の伝達に寄与する．このため，現在の統計ベースの音声認識，あるいは音声合成で行われている短時間フレームでの韻律的特徴の取り扱いは，必ずしも適切なものではない†．

音声の研究を進める上で，適宜のラベル表記により言語情報などとの対応を明確にした音声コーパスが重要である．分節的特徴については，基本的には，音素あるいは音（オン）をラベリングすることになるが，韻律的特徴は，文字には直接表記されないという問題がある．英語について開発された tones and break indices（ToBI）がよく知られており[3]，日本語を初めとした各言語へも適用されている．これは，音声の基本周波数パターンなどの韻律的特徴を見ながら，アクセント核，アクセント句境界などのラベル付けを人間が行うものである．ラベル付けの自動化の試みもなされているが誤りも多い．そもそも，ラベル付けを行うラベラーにより，同じ基準でラベル付けが行われているという保証もなく，ラベリングとして確立したものではない．

---

† 声道形状に対応するスペクトル包絡は分節的特徴を表現するものであるが，例えば，意図や感情などが異なれば，その形状は大きく変化する．この観点からはスペクトル包絡の"基準値からのずれ"も韻律的特徴として取り扱うのが適切と考えられる．実際，感情識別などはスペクトル包絡の違いに着目して行われることが多い．

2.3 音声によるコミュニケーション

音声によるコミュニケーションには，講演のように，情報の流れが，基本的に1方向の場合と，双方向の場合がある．後者は，**対話**あるいは**会話**と呼ばれ，特に2名の場合を対話，それ以上の場合を会話と呼び区別することもある．前後の情報との関連を持ち，1文だけ抜き出しても，省略や照応[†](のために正確な理解が困難な場合が多い．これを**文脈** (context) という．特に，対話や会話の場合，相手の発話内容が文脈となるため，その正確な把握が，対話のスムースな進行に重要である．また，文書の場合と異なり，聞き誤りや忘却によって，対話の破綻に結びつく．更に，文脈には，一連の発話に出てくる情報だけでなく，情報の発信者と受信者の共通知識もあり，これが一致せずに対話の破綻につながることもある．

情報システムから音声によって情報を得ることを目的として，観光案内，番組案内，航空券・宿舎予約，文献検索など，多くの音声対話システムが開発されている．ヒューマノイドロボットでも音声対話が重要である．このような機械との音声対話には，人間どうしの音声対話とは異なる面が多い．人間は相手が機械であると分かると，人間相手とは異なる発声をするのが一般的である．このため，機械と人間の対話の音声コーパス作成は，音声対話システムの構築に重要であるが，これを人間どうしの対話から得ることは難しい．初期の音声対話システムでは，対話内容を拡張すると，音声認識誤りや発話内容理解の誤りが多く発生し，対話が破綻した．このため，音声認識などの音声対話システムの機能の一部を（利用者が分からないように）代行することが行われた．これを **Wizard of OZ** システムと呼ぶ．

☕ 談 話 室 ☕

音声対話システム　ユーザの発話を入力とし，音声認識→文理解→対話管理→文生成→音声合成の過程を経て，応答音声をユーザに提示するシステムである．1990年代になって音声認識が一定の性能を得るようになると，音声対話システムの研究が盛んに行われた．初期のシステムで有名なのは，米国MITのVictor Zueらが開発したVOYAGERであろう．画面を見ながらケンブリッジ市内の案内を行うものである．その後，航空便の座席情報を提示するPEGASASなどのシステムを統合し，電話での利用を可能とし

---

† "それ" などで先行発話の情報を受けること．

た GALAXY が開発された．更に，マルチモーダルシステムとして，計算機上の擬人化エージェントあるいはロボットとの対話に関する研究が進んだ．道案内，レストラン案内，文献検索など，情報検索をタスクとしたシステムが多いが，発話の際の顎や舌の動きを表示する発音教育システムの開発も行われた．長らく研究開発の域を出なかったが，現在では，スマートフォンを利用した Siri やしゃべってコンシェルなど，広く利用されるようになった．

文理解→対話管理→文生成の過程は自然言語処理と深く関係し，人間のような自由な対話を実現するのは容易ではない．このため，もっぱら入力と応答のコーパスから適切なものを選択することを行っている．人間同士の対話では，「寒いですね」というだけで，窓を閉めるという動作に結びつくが，機械でそれを実現するのは至難の業である．一見，賢そうであるが，人間の対話にはまだまだ遠く及ばない．

言語の異なる人間の対話をサポートするシステムとして音声自動翻訳システムがある．文理解→対話管理→文生成の代わりに翻訳を行うが，例えば，主語を省略することが多い日本語からそうではない英語に翻訳する際を考えればわかるように，1文のみを対象とした翻訳では十分ではなく，対話履歴の管理も重要である．

本章のまとめ

3章以降の準備として，音声言語と文字言語について説明したのち，音声の特徴とそれによって伝達される情報を整理した．更に，音声コミュニケーションの特徴について，音声対話システムを念頭に置いて概説した．

●理解度の確認●

問 2.1 文の統語情報は音声のどのような情報によって表されるかについて述べよ．

3 音声生成とモデル

　人間は，喉（のど），舌（した），顎（あご），唇（くちびる）などで構成される声道の形状を変え，それを声帯の振動あるいは気流の乱れで励振することによって，周波数の特徴が異なるさまざまな音を生成し，それを組み合わせることで効率的に言語情報を伝達している．このような言語活動に関わる人間の発する音を音声と呼ぶ．基となる音源の違いによって，音声は有声音と無声音とに大別される．有声音は，喉頭にある声帯の振動によって生じる脈流を音源とするもので，そのままでは，ブザー音であるが，声道を伝わる間に，適宜の周波数が強められ（あるいは弱められ），ア，イ，ウ，エ，オといった音声となる．鼻腔に空気が流れれば，鼻母音，鼻子音となる．無声音は，声帯の振動によらない音で，舌と上顎の隙間を狭めたときに生ずる乱流を音源とする/s/や/ʃ/が代表的である．ここでは，そのような音声の生成過程について，なぜそのような周波数特性の音になるのかといった点も含めて概説する．

3.1 発音器官と音声の生成

　音声の生成に関わる器官を**発声器官**と総称する．図 **3.1** に発声器官の構造と調音位置を各部の名称とともに示す[1]．脳の前頭葉にある運動性言語中枢（Broca's area）から出される指令によって発音器官に関わる種々の筋肉が動き，空気運動として音声が生成される．肺から気管を伝わって押し出される気流が，音声のエネルギー源である．この気流は喉頭にある膜（声帯）の隙間を通過するが，声帯が閉じて隙間がないと通過できずに，声帯の肺側の気圧が高まることになる．これが一定値を超えると，声帯が開き，空気が流れる．気流が一定以上

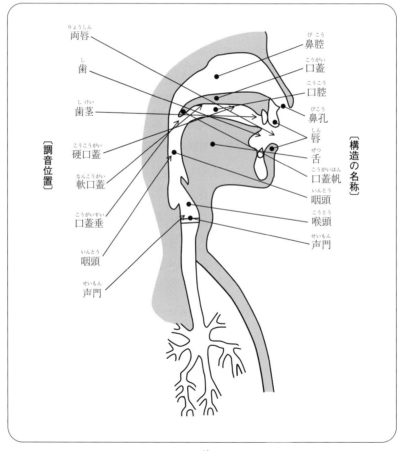

図 **3.1** 発声器官の構造と調音位置[1]（大泉充郎，藤村 靖：音声科学，東京大学出版会 (1972) より改変）

になると，霧吹きの原理で圧力が低下し声帯が閉じる．この繰返しで，声帯が振動し，脈流が生じる．喉頭は甲状軟骨（thyroid cartilage），披裂軟骨（arytenoid cartilage）などの軟骨で形作られており，これらの軟骨の動きで，声帯が伸び縮みする．伸びたときは，声帯が強く張っており，高い周波数で振動する．縮んだときは低い周波数となる．

この脈流が，喉頭，咽頭，口腔，鼻腔で形成される声道を伝わり，口（あるいは鼻）から出る間に周波数加工され，母音を初めとする種々の有声音が生成される．鼻音以外では，鼻腔への脈流は口蓋帆が持ち上がることで遮断され，音声の生成に寄与しない．このような脈流の音源のことを，**声帯音源**あるいは**有声音源**と呼ぶ．声帯が初めから開いていると，気流は単に**声門**†を通過するだけで，音源とはならない．その場合，歯茎や上顎と舌で声道の途中に，"狭め"が形成されると，狭めの直後で乱流が生じ，乱流音源となる．これが口を出ると無声摩擦音になる．声帯が振動していない音声をまとめて**無声音**と呼ぶ．このほか，狭めが閉じられ，急激に開放したときに生じる破裂も音源となり，破裂音が生成される．**破裂音**には，狭めが閉じられているときに声帯が振動していない**無声破裂音**と，振動している**有声破裂音**がある．また，/z/のような有声摩擦音は，声帯音源と脈流で生じた乱流音源で生成され，その様子は複雑である．

周波数加工の様子は声道の形状によって決まり，ある音を生成するために声道の形状を調整することを**調音**（articulation）と呼び，舌，唇，顎などの声道形状に関わる発音器官を**調音器官**と呼ぶ．子音の調音では，声道における"狭め"あるいは閉鎖の位置が音の特徴を決める重要な要因なっており，調音位置と呼ばれる（3.2節参照）．

3.2 音（オン）と音素

例えば，母音の"ア"を発声した場合，人が違えばもちろんのこと，同じ人でも，毎回その波形は異なり，周波数特性も同じにはならない．一般に，本を朗読した場合と会話をしている場合とでは大きく異なる．どのような文の中で発声したのかにも影響される．特に人間は個々の音を離散的に発声するわけではなく，前後の音に影響され，"ア"のどこの区間を見るかで，その音響的特徴は変化する．これを**調音結合**（co-articulation）と呼ぶ．しかしながら，音声は情報の伝達に用いられるもので，人間は母音の"ア"を意識して発声している．

ある言語の言語情報伝達の観点から，音（phone）を（概念的に）整理したものが**音素**

---
† 声帯と間隙の部分をまとめて呼ぶ．

(phoneme) であり，例えば，母音と子音の数といった議論をする場合は音素を想定している．なお，日本語の音素は，(議論はあるものの) 一般的に母音 5 種 (/a/, /i/, /u/, /e/, /o/)，子音 15 種 (/p/, /t/, /k/, /s/, /c/, /m/, /n/, /h/, /r/, /b/, /d/, /g/, /z/, /j/, /w/) と特殊拍音素[†1] (撥音/N/, 促音/Q/, 長音/H/) で構成される．音素は言語情報伝達の観点から使われている用語であるので，当然，言語が違えば異なり，英語では母音，子音の数が多い．日本語では通常の母音と区別されない鼻母音も，フランス語では，異なる音素となる[†2]．

音素に対し，人間の発声する言語音をその生成面にも着目して整理，記号化したものに**音声記号**がある．各言語で音素体系が異なるなかで，統一した音声記号を制定するのは困難な作業であるが，国際音声学会 (International Phonetic Association) によって国際音声記号 (International Phonetic Alphabet) が開発された[2]．継続的な討議が行われ，何回か改定が行われている．その中で，中心となる母音と子音について紹介する．図 3.2 は，母音について，舌の位置，顎の開きに着目して整理したものである．標準的な日本語 5 母音 "ア，イ，ウ，エ，オ" は，それぞれ [a], [i], [ɯ], [e], [o] に対応する[†3]．表 3.1 は，子音の一覧を示しており，縦方向は，音声の発声方法の観点から，横方向は，気流が主として妨げられる位置の観点から整理したものである[2][†4]．前者を**調音様式** (manner of articulation)，後者を**調音位置**あるいは**調音点** (place of articulation) などと呼び，両者の組合せと有声・無声の区別で子音の見通しよい記述が可能である．各調音様式は以下に説明する破裂音，鼻音などの区別である．調音位置については，両唇から声門まで，順に並んでいる．

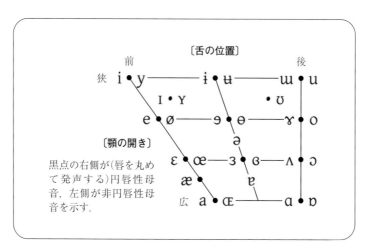

図 3.2 母音の体系と国際音声記号[2] (IPA 2005 より改変)

[†1] 1 拍に対応し，**モーラ音素**とも呼ぶ．
[†2] 日本語では鼻母音を意識して発音することはないが，鼻子音との遷移部分では，鼻母音化することがある．
[†3] 音素記号は / · / のように示すのに対し，音声記号は [·] のように示す．
[†4] このほか，肺からの気流を用いない吸着音などがある．吸着音は舌打ち音とも呼ばれ，アフリカの諸言語に見られる (「コイサンマン」という映画が有名)．

3.2 音（オン）と音素

表 3.1 子音の体系と国際音声記号[2]）(IPA 2005 より改変)

調音様式＼調音位置	両唇音	唇歯音	歯音	歯茎音	後部歯茎音	そり舌音	硬口蓋音	軟口蓋音	口蓋垂音	咽頭音	声門音
破裂音	p b			t d		ʈ ɖ	c ɟ	k g	q ɢ		ʔ
鼻音	m	ɱ		n		ɳ	ɲ	ŋ	ɴ		
ふるえ音	B			r					R		
はじき音		ⱱ		ɾ		ɽ					
摩擦音	ɸ β	f v	θ ð	s z	ʃ ʒ	ʂ ʐ	ç ʝ	x ɣ	χ ʁ	ħ ʕ	h ɦ
側面摩擦音				ɬ ɮ							
接近音		ʋ		ɹ		ɻ	j	ɰ			
側面接近音				l		ɭ	ʎ	ʟ			

注）灰色の欄は不可能な調音，空欄は可能ではあるが，一般的でないか，あるいは具体的に存在が確認されていない調音である．各欄の左側の記号は無声音であり，右側の記号は有声音である．

破裂音（plosive） 声道を調音位置で完全に閉鎖して気流を遮断し，圧力が高まったところで急激に開放する音で**閉鎖音**とも呼ぶ．圧力を高める際，声帯が振動する有声破裂音と，振動しない無声破裂音がある[†]．過渡的な音で，引き続いて起こる摩擦音，気息音，母音への遷移が一体となって，知覚に寄与する．母音が後続する場合，破裂と（母音の）声帯振動開始との時間間隔（voice onset time, **VOT**）は，（声帯振動の準備ができている）有声破裂音の方が短く，無声破裂音との識別に利用される．図 **3.3** に /ka/ の音声波形を示す．

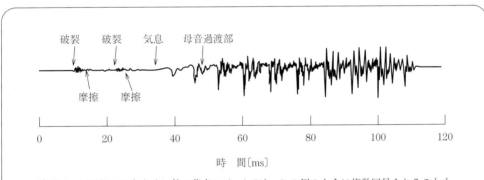

破裂は 1 回に限ることなく，軟口蓋音の /ka/ では，この例のように複数回見られることもある．破裂音で破裂が音源となっている部分はごく短時間であり，破裂のあと，すぐに摩擦音に移行し，後続の母音に変化していく．母音過渡部は破裂音の知覚に重要な部分である．なお，英語では破裂音で終わる音節があり，状況は少し異なる．

図 3.3　/ka/ の音声波形

鼻　音（nasal） 口蓋帆が下がり，気流が鼻腔に流れる音である．鼻子音では口腔は閉鎖され，その位置が調音位置によって異なる．口腔側に流れ込む周波数成分が弱まり，伝達特性では反共振として観測される（伝達関数の零点）．一方，鼻母音では口腔が開いており，（複雑な形状をして壁面が柔らかいために損失が大きい）鼻腔に流れ込む周波数成分が弱まる．

[†] 日本語にはないが，言語によっては有気音と無気音の対立がある．

摩擦音（fricative） 声道の調音位置に"狭め"作り，それによって（狭めの直後で）生ずる乱流を音源とする音である．声帯が振動する**有声摩擦音**と振動しない**無声摩擦音**がある．有声摩擦音の場合，声帯振動により脈流となった気流が，"狭め"で乱流となる．気息音は調音位置が声門の場合である．

破擦音（affricate） "チ，ツ"や"ザ"行音のように摩擦を伴った破裂音である．通常の破裂音でも摩擦音が伴うが，ごく短時間である．

接近音（approximant） 声道を調音位置で狭める調音で生成される音である．この狭めは，摩擦音のように狭くはなく乱流は生じない．"ヤ，ワ"のような半母音がこれに当たる．英語の二重母音でも同様の調音があるが，母音として扱われる．

はじき音（tap, flap） 舌で口腔内に瞬間的な閉鎖を作ることで生成される音であり，**弾音**とも呼ぶ．

ふるえ音（trill） 上下の調音器官の軽い複数回の接触で生成される音であり，**震音**とも呼ぶ．

側（面）音（lateral） 英語の"エル"のように，舌の中央部分を上顎に接触させ，舌の両側から呼気を流すことで生じる音である．これは声道が分岐することになり，反共振が発生する．

前後の音素など，ある音素が発話環境によって異なる音として発音されることがある．例えば，前舌の母音に隣接する口蓋摩擦音は，（音素として許されるならば）調音位置が口側にずれる．日本語のハ行子音は無声摩擦音であるが，後続母音によって，その調音位置は声門 [h]，硬口蓋 [ç]，両唇 [Φ] と変化する．撥音/N/は口蓋垂鼻音 [N] と軟口蓋鼻音 [ŋ] があり，その様子は，発話，話者で異なる．なお，一つの音素が複数の音として発音されるとき，これらの音を**異音**（allophone）と呼ぶ．

3.3 音声の生成過程と周波数特性

音源波形が声道を伝達する間に変形する様子は，時間領域では畳込み積分で記述されるが，波形をフーリエ変換し，周波数領域で考えれば，声道（と口からの放射）の周波数加工の寄与を掛け算として取り扱うことができる．音源波形の周波数スペクトルを音声波形のスペクトルを $E(\omega)$，声道の伝達特性を $V(\omega)$，口からの放射特性を $R(\omega)$ とすると，音声波形のスペクトル $S(\omega)$ は

$$S(\omega) = E(\omega)\,V(\omega)\,R(\omega) \tag{3.1}$$

と表される.図 **3.4** は,母音について,その周波数スペクトルの構成を模式的に示したものである[3]).声帯音源は周期的に振動しており,そのスペクトルは,基本周波数とその整数倍の成分から構成される線スペクトルとなり

$$E(\omega) = G(\omega)\,I(\omega) \tag{3.2}$$

と表される.ただし,$G(\omega)$ は 1 周期分の音源波形のスペクトル,$I(\omega)$ は周期性に対応する各成分の大きさ一定の線スペクトルを表す.$G(\omega)$ は,ほぼ $-12\,\mathrm{dB/oct.}$ の周波数特性を持つ.図 4.4 と図 4.5 に "アイウエオ" と発声したときの音声波形と,その周波数成分の強さの時間変化をスペクトログラムとして示しているので参照されたい.

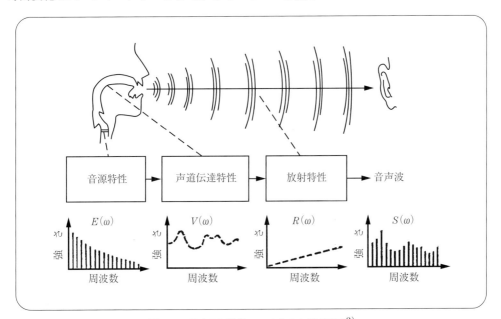

図 **3.4** 母音の周波数スペクトルと構成要素[3])

声道伝達関数は,5 kHz 以下に 4〜5 個程度の極を有し,その付近の周波数が強められる.これらの周波数成分は聴覚に対する寄与が大きく,特に母音ではその弁別に主要な役割を果たす.このため,母音(や鼻音)では,**フォルマント**(formant)と呼ばれる.周波数の低い順に,第一フォルマント,第二フォルマント,第三フォルマントなどと呼ばれ,その周波数は F_1,F_2,F_3 などと表記される.なお,これに対し,基本周波数は F_0 と表記される.図 **3.5** は,F_1 を横軸に F_2 を縦軸にとって,小中学生の男女(7〜15 歳)の日本語 5 母音のフォルマント周波数の分布を示したものであるが,当然,声道長が短い年少期・女性では高めに,長い年長期・男性では低めになり,広く分布することになる[1]).F_1,F_2,F_3 によって,母音の識別はほぼ可能であるが,母音数の多い言語では困難である.聴覚上,母音の弁別に重要なのはその絶対値ではなく,相対値(比)であるとされる.音源,声道伝達特性,放射特性

16　　3. 音声生成とモデル

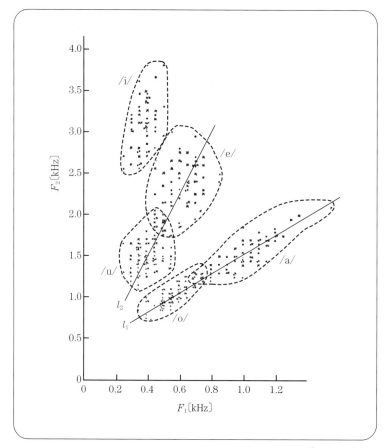

図 3.5　日本語 5 母音のフォルマント周波数の分布[1]

からなる生成過程の表現は，ソースフィルタモデルとして音声分析の基本となっている[4),5]．なお，後述するように，放射特性は微分特性となり，音源に含めてとり扱われることが多い．実際の発声では，例えば，声帯の開閉は声道伝達特性に，声道形状の変化は声帯振動に影響を与えるなど，音源，声道伝達特性，放射特性は互いに影響し合うが，ソースフィルタモデルでは，一般に，音源，声道伝達特性，放射特性を互いに独立なものと近似して取り扱う．

3.4　音　　　　　源

　図 3.6 は声帯振動の様子を示したものである．声帯自身で振動する機能はなく，閉じることによって気流の流れが止まり，声帯の気管側の圧力（声門下圧）が上昇する．それによっ

3.4 音　　　源　　17

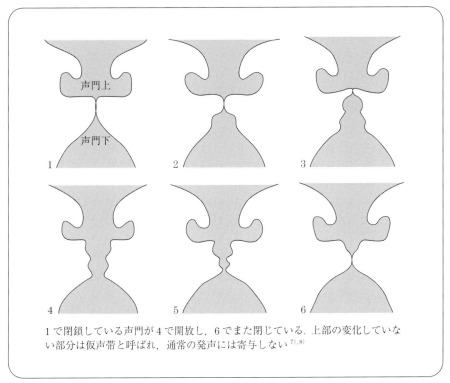

1 で閉鎖している声門が 4 で開放し，6 でまた閉じている．上部の変化していない部分は仮声帯と呼ばれ，通常の発声には寄与しない[7],[8]

図 3.6　声帯振動の 1 周期の喉頭断面の様子[7],[8]

て，変形を受け，ある時点で開放する．開放すると声帯の間隙を気流が流れ，陰圧となって声帯が閉じる．これを繰り返すことになる．厚みを持った声帯が変形しながら振動する現象をモデル化するために，声帯の片方を適宜の質量を持った二つの部分（両方で四つ）に分け，それがばねでつながっているとする，2 質量モデルが提案され，声帯振動の良い近似となっている[6]．

このような声帯振動の結果，声門を通過する気流の単位時間当りの総量（**声帯体積流速度**）

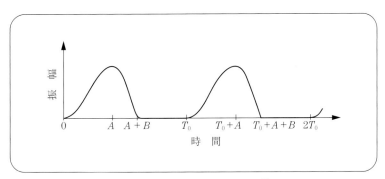

図 3.7　声帯体積流速度の様子[8]

は，図 **3.7** のような，周期的な脈流になる[†1]．T_0 は繰返しの周期で**基本周期**と呼ばれ，その逆数（$F_0 = 1/T_0$）が**基本周波数**である．声帯が閉じる時点（図の $A+B$ の時点）で大きな音響エネルギーが発生し，音声波形の振幅が大きくなる部分に対応する．

☕ 談 話 室 ☕

基本周波数とピッチ（周波数） 基本周波数は音源波形の繰返し周波数として定義される物理量であるのに対し，ピッチ（周波数）は，人間が聴いたときに感じる音の高さで感覚量である．発声に際し，正確に同じ形の音源波形を，正確に同じ時間間隔で繰り返すわけではなく，ある程度の揺らぎがある（時間の揺らぎを**ジッタ**（jitter），大きさの揺らぎを**シマー**（shimmer）という）．また，時間方向に上昇，下降して，アクセントやイントネーションを実現する．このため，音源波形，音声波形には厳密な意味での基本周波数はないともいえる．しかしながら，人間は，音声に音の高さを知覚している．この観点から，音源波形の"準"周期的な周波数を求めることとなる．特に，発声の終わりで，声帯が緩んでくると，振動が不安定になり，波形上では急に半分程度の繰返し周波数として観測されることがあるが，人間はそのようには知覚しない．音声波形からの基本周波数の抽出については，4 章に述べるが，人間にとって"意味のある"周波数の抽出が重要である．この観点から，基本周波数抽出のことを**ピッチ（周波数）抽出**と呼ぶことも多い．

声帯体積流速度波形が声帯音源の波形となるが，その観測は，なかなか困難である．声門の開口面積を観測することが行われているが，流速が関与するので，体積流速度に正確に一致するわけではない．また，音声のスペクトルに，式 (3.1) に従い，声道伝達特性（と放射特性）の逆特性を掛け（逆フィルタリング），逆フーリエ変換をすれば，声帯音源波形が求められる理屈ではあるが，正確な声道伝達特性は分からず，また，（波形を求めるので）位相にも注意する必要がある[†2]．口に十分に長い均一径の管を加えて発声することで，声帯音源波形を観測することも行われた．その有効性の程はさておいて，面白い発想である[†3]．

声道内の気流の流れは，流れの方向が喉から口へ向かう層流であるが，摩擦音のように声道に一定以上の"狭め"があると，狭めが終わる個所で渦が発生し，乱流音源となる．白色ガウス性雑音として近似可能である．周波数スペクトルがほぼ一様になり，声帯音源の周波数

[†1] この図は，Rosenberg と Klatt により提案された時間の 2 次と 3 次の項からなる多項式モデルである[9],[10]．詳しい声帯体積流速度波形のモデルも，いろいろ提案されている．
[†2] 音声波形はマイクロフォンで電気信号として得られるが，位相も含め直流から平坦な周波数特性を持たないと，声帯音源波形に影響を与える．
[†3] 声道伝達特性の影響が取り除かれることになる．

スペクトルが -12 /dB の包絡特性を持つ線スペクトルであるのと対照的である．乱流の場合，音響エネルギーへの変換効率は，声帯振動と比べて低く，無声音のパワーは，有声音と比べ，小さい．なお，声帯音源は運動エネルギー，乱流音源は位置エネルギーの発生源として扱われる[†1]．

3.5 声道伝達特性

3.5.1 波動方程式と一般解

共振と反共振の様子は，基本的に声道の形状によって定まり，音圧と流速に関する次式から導かれる．

$$\frac{1}{\rho c^2}\frac{\partial p}{\partial t} + \operatorname{div} \boldsymbol{v} = 0 \tag{3.3}$$

$$\rho \frac{\partial \boldsymbol{v}}{\partial t} + \operatorname{grad} p = 0 \tag{3.4}$$

ここで，p は音圧，$\boldsymbol{v}$ は粒子速度（以下では単位断面積当りの体積流速度で表現），ρ は空気の密度，c は音速である．声道は，咽頭と口腔の境で大きく曲がっているが，これを無視し，直線状の音響管として近似する[†2]．自由空間では点音源で発生した波は球状に伝搬するが，声道では，声門から口の方向に伝搬し，この方向を x 軸に取る．厳密には，式 (3.3)，式 (3.4) で y 軸，z 軸方向の微分は零にはならないが，波面が x 軸に直交した平面波との近似を置く[†3]．

$\boldsymbol{v}$ はスカラー量 v となり，更に，u を体積流速度，A を声道断面積とすると，$u = Av$ の関係があるので，式 (3.3)，式 (3.4) を整理して，下記の波動方程式が得られる[†4]．

$$\frac{\partial^2 p}{\partial x^2} = \frac{1}{c^2}\frac{\partial^2 p}{\partial t^2} \tag{3.5}$$

$$\frac{\partial^2 \frac{u}{A}}{\partial x^2} = \frac{1}{c^2}\frac{\partial^2 \frac{u}{A}}{\partial t^2} \tag{3.6}$$

[†1] 音声生成の流速と音圧の関係は，電気回路の電流と電圧の関係として扱われることが多く，その場合，声帯音源は電流源，乱流音源は電圧源となる．

[†2] この曲がりのため，直線として近似した場合と比べ，数％ほど共振周波数がずれる．

[†3] 音波の波長が声道の径と比べて大きいときに平面波近似が可能で，4 kHz で波長が 8.5 cm 程度，声道の平均的な直径が 2 cm 程度であることを考慮すると，音声の主要な周波数帯の 4 kHz 以下では，平面波近似が妥当であることが分かる．

[†4] 空気の粘性や声道壁の変形などによる損失を無視した無損失音響管の仮定も置かれている．

A は一般に位置 x と時間 t の関数であるが，適宜の微小区間を考え，定常的な音とすると，一定値と取り扱うことができ，式 (3.6) から A が消去される．式 (3.5)，式 (3.6) はヘルムホルツ方程式であるので，p, u を角周波数 ω の複素正弦波 $e^{j\omega t}$ を用いて複素数に拡張し

$$p(x,t) = P(x)e^{j\omega t} \tag{3.7}$$

$$u(x,t) = U(x)e^{j\omega t} \tag{3.8}$$

とおいて解くと，U の x 方向の波（前進波）の大きさを u^+，$-x$ 方向の波（後進波）の大きさを u^- として

$$P(x) = \frac{\rho c}{A}\left(u^+ e^{-j\frac{\omega}{c}x} + u^- e^{j\frac{\omega}{c}x}\right) \tag{3.9}$$

$$U(x) = u^+ e^{-j\frac{\omega}{c}x} - u^- e^{j\frac{\omega}{c}x} \tag{3.10}$$

のようになる．ここで，$|P(x)|^2$ が最大/最小のとき，$|U(x)|^2$ は最小/最大となり，位相が $90°$ ずれていることに注意したい．音圧は位置エネルギー，体積流速度は運動エネルギーに対応するので，位置エネルギー，運動エネルギーと交互に変わりながらエネルギーが伝搬することを意味する．

3.5.2 均一音響管

長さ l の均一の音響管を考え，$x=0$ を声門の位置として，音源を $U(0) = U_g$ とすると

$$u^+ - u^- = U_g \tag{3.11}$$

となる．一方，$x = l$ での反射係数 r（前進波と後進波の比）を $r(l) = r_l$ とすると

$$r_l = \frac{u^- e^{j\frac{\omega}{c}l}}{u^+ e^{-j\frac{\omega}{c}l}} \tag{3.12}$$

であるので

$$u^+ = \frac{U_g e^{j\frac{\omega}{c}l}}{e^{j\frac{\omega}{c}l} - r_l e^{-j\frac{\omega}{c}l}} \tag{3.13}$$

$$u^- = \frac{U_g r_l e^{-j\frac{\omega}{c}l}}{e^{j\frac{\omega}{c}l} - r_l e^{-j\frac{\omega}{c}l}} \tag{3.14}$$

となり

$$P(x) = \frac{\rho c}{A} U_g \frac{e^{j\frac{\omega}{c}(l-x)} + r_l e^{-j\frac{\omega}{c}(l-x)}}{e^{j\frac{\omega}{c}l} - r_l e^{-j\frac{\omega}{c}l}} \tag{3.15}$$

$$U(x) = U_g \frac{e^{j\frac{\omega}{c}(l-x)} - r_l e^{-j\frac{\omega}{c}(l-x)}}{e^{j\frac{\omega}{c}l} - r_l e^{-j\frac{\omega}{c}l}} \tag{3.16}$$

となる．ここで，声道が声門から口唇まで均一で式 (3.15)，式 (3.16) が成り立つとすると，声道伝達特性 $V(\omega)$ は，声門 $x=0$ での体積流速度と口唇 $x=l$ での体積流速度の比として

で与えられる．反射係数を実数とすると，$|V(\omega)|$ は，$-1 \leqq r_l < 0$ のとき $\omega l/c = \pi/2 + n\pi$ で，$0 < r_l \leqq 1$ のとき $\omega l/c = n\pi$ で，最大となる[†1]．これが声道の共振と対応し，波長 $\lambda = 2\pi c/\omega$ を用いると，$n = 0, 1, 2, \cdots$ として，$l = (1/4 + n/2)\lambda$，$l = n\lambda/2$ となるので，それぞれ，**1/4 波長共振**，**1/2 波長共振**と呼ばれる[†2]．

$$V(\omega) = \frac{U(l)}{U_g} = \frac{1 - r_l}{e^{j\frac{\omega}{c}l} - r_l e^{-j\frac{\omega}{c}l}} \tag{3.17}$$

母音の場合，口唇は開いており，$-1 \leqq r_l < 0$ と考えられる．特に，$r_l = -1$（$P(l) = 0$）と近似できるとすると

$$V(\omega) = \frac{1}{\cos\left(\frac{\omega}{c}l\right)} \tag{3.18}$$

となる．共振周波数がフォルマント周波数なので，第 i フォルマント周波数 F_i は

$$F_i = \frac{\omega}{2\pi} = \left(\frac{1}{4} + \frac{i-1}{2}\right)\frac{c}{l} \quad (i = 1, 2, \cdots) \tag{3.19}$$

で与えられる．$l = 17\,\mathrm{cm}$（成人男性の概算値），$c = 340\,\mathrm{m/s}$ とすると，フォルマント周波数は，$500\,\mathrm{Hz}$ の奇数倍となる．実際 /ə/ (schwa) はこのようなフォルマント周波数を有する．

電気回路で電圧を電流で除したものをインピーダンスと呼ぶように，音響管の音波について，$P(x)/U(x)$ を**音響インピーダンス**と呼ぶ．1/4 波長共振の場合，$x = 0$ で音響インピーダンスは最大値を取るが，これは（体積流速度の）声帯音源を，負荷側を見た音響インピーダンスが最大値になる点に置くことを意味する．

3.5.3　不均一音響管

母音アや母音イなどでは，フォルマント周波数は等間隔に配置されない．これは，声道の形状と断面積が位置によって変化しているからである．精密には，微小区間で断面積が一定とし，そのような管が縦続に配列したものとして解析するが，ここでは，粗い近似として，図 **3.8** のように，二つの均一断面積の音響管がつながったものと考えよう．声門側と口唇側の音響管の断面積が急に大きく変化するとして，両音響管は，母音アのような後舌母音の場合 1/4 波長共振，母音イのような前舌母音の場合 1/2 波長共振と考えることができ，両音響管の長さが声道長の半分とすれば，後舌母音では $1\,000\,\mathrm{Hz}$ の奇数倍，前舌母音では $2\,000\,\mathrm{Hz}$ の整数倍で共振が起こる．二つの音響管が同じ周波数で共振する場合，$200\,\mathrm{Hz}$ 程度異なる周

[†1] r_l が負のときは口唇で $|U(x)|$ が最大となるが，r_l が正のときは最小となる．
[†2] 1/2 波長共振のときは口唇が閉じているときに対応し，例えば $r_l = 1$ で $U(l) = 0$ となるが，全体として振動の振幅は大きくなっている．

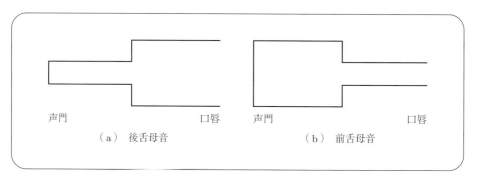

図 3.8 母音の 2 音響管近似

波数として観測されるため，後舌母音では 1 000 Hz あたりに第一フォルマント，第二フォルマントが位置することになる．一方，前舌母音では，2 000 Hz あたりに二つのフォルマントが位置するが，それは，第二フォルマント，第三フォルマントになる（第一フォルマントは，非常に低い周波数に現れる）．たいへんに粗い近似ではあるが，後舌母音と前舌母音のフォルマントの違いが理解される．

3.5.4　子音の伝達特性と反共振

声帯音源は声帯流速度を与えるものとして扱われるが，乱流音源は音圧を与えるものとして扱われる．$x=0$ に $P(0)=P_g$ の音源があるとして

$$\frac{\rho c}{A}(u^+ + u^-) = P_g \tag{3.20}$$

となる．式 (3.12) を用いて

$$P(x) = P_g \frac{e^{j\frac{\omega}{c}(l-x)} + r_l e^{-j\frac{\omega}{c}(l-x)}}{e^{j\frac{\omega}{c}l} + r_l e^{-j\frac{\omega}{c}l}} \tag{3.21}$$

$$U(x) = \frac{A}{\rho c} P_g \frac{e^{j\frac{\omega}{c}(l-x)} - r_l e^{-j\frac{\omega}{c}(l-x)}}{e^{j\frac{\omega}{c}l} + r_l e^{-j\frac{\omega}{c}l}} \tag{3.22}$$

となり，声道伝達特性 $V(\omega)$ は

$$V(\omega) = \frac{U(l)}{P_g} = \frac{A}{\rho c} \frac{1 - r_l}{e^{j\frac{\omega}{c}l} + r_l e^{-j\frac{\omega}{c}l}} \tag{3.23}$$

となる．$|V(\omega)|$ が最大値を取る条件は，$-1 \leq r_l < 0$ のとき $\omega l/c = n\pi$，$0 < r_l < 1$ のとき $\omega l/c = \pi/2 + n\pi$ であり，1/2 波長共振，1/4 波長共振と反射係数の正負との関係が，声帯音源と比べて逆になる．摩擦音の場合，"狭め"の直後に乱流音源が生じるが，音源から見て声帯側の声道の部分も伝達特性に寄与する．特に注意を要するのが，反共振が生じることで

ある．音源から見て "狭め" が 1/4 波長共振とすると（"狭め" の声門側が口唇のように開いていると考える），"狭め" を 2.5 cm，音速を $c = 340\,\mathrm{m/s}$ として，3.4 kHz の奇数倍で共振が生ずる．ただし，これは，声門方向への伝搬なので，その周波数の成分が口唇側に伝達されず，反共振（伝達関数の零点）として観測される[†]．

声帯音源から見て，音響管が口腔と鼻腔とに分岐している鼻音でも，反共振が生ずる．鼻子音では，口腔で閉鎖があり，音響エネルギーは主として鼻から出力される．口腔にエネルギーが "吸い込まれる" 周波数成分が反共振となる．この周波数は，閉鎖のある調音位置によって異なる．鼻母音は鼻子音と異なり，音響エネルギーは主として口から出力される．鼻腔は口腔と比べ損失が格段に大きく，鼻腔で "共振する" 周波数成分は，反共振として観測されることになる．鼻腔の形状は変化しないため，反共振周波数は鼻母音の種類によらない．

3.5.5　電気回路との対応

体積流速度，音圧を，それぞれ電流，電圧と対応させることで，音響管での音波の振舞いを，分布定数回路のアナロジーで解析することが可能である．単位長当りの線路のインピーダンスとアドミタンスを，それぞれ Z, Y として，微小区間 Δx の回路を図 3.9 で表すと

$$\frac{d^2 V(x)}{dx^2} - YZ V(x) = 0 \tag{3.24}$$

$$\frac{d^2 I(x)}{dx^2} - YZ I(x) = 0 \tag{3.25}$$

となる．$\gamma = \sqrt{YZ}$（伝搬定数），$Z_0 = Z/\gamma = \sqrt{Z/Y}$（特性インピーダンス）としてこれを解くと

$$V(x) = A e^{-\gamma x} + B e^{\gamma x} \tag{3.26}$$

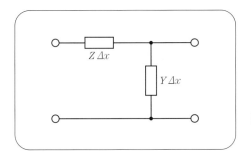

図 3.9　電気回路の微小区間 Δx の表現

[†] 母音でも，声門からみて肺側の音響管は反共振として作用するが，声帯の開口面積が小さいこと，口唇から離れていることで，伝達関数にはほとんど影響せず，無視して差し支えない．

$$I(x) = \frac{1}{Z_0}\left(Ae^{-\gamma x} - Be^{\gamma x}\right) \tag{3.27}$$

が得られ，式 (3.9)，式 (3.10) で $P(x) \to V(x)$，$U(x) \to I(x)$，$j\omega/c \to \gamma$，$\rho c/A \to Z_0$ の置き換えをしたものに対応していることが分かる．ここで，注意したいのは，分布定数回路の場合，（Y，Z が複素数なので）伝搬定数は純虚数に限ることなく，複素数を取り得る点であり，損失を実数部の値として表現することができる†．長さ l の均一な線路の $x = 0$ と $x = l$ における電圧電流の関係は

$$\begin{pmatrix} V(0) \\ I(0) \end{pmatrix} = \begin{pmatrix} \cosh \gamma l & Z_0 \sinh \gamma l \\ \dfrac{1}{Z_0} \sinh \gamma l & \cosh \gamma l \end{pmatrix} \begin{pmatrix} V(l) \\ I(l) \end{pmatrix} \tag{3.28}$$

で与えられる．$x = l$ が短絡されているとすると

$$\frac{I(l)}{I(0)} = \frac{1}{\cosh \gamma l} \tag{3.29}$$

となり，無損失とすれば式 (3.18) に帰着する．n 個の均一線路が縦続につながった場合は

$$\begin{pmatrix} V(0) \\ I(0) \end{pmatrix} = \begin{pmatrix} \cosh \gamma_1 l_1 & Z_0 \sinh \gamma_1 l_1 \\ \dfrac{1}{Z_0} \sinh \gamma_1 l_1 & \cosh \gamma_1 l_1 \end{pmatrix} \begin{pmatrix} \cosh \gamma_2 l_2 & Z_0 \sinh \gamma_2 l_2 \\ \dfrac{1}{Z_0} \sinh \gamma_2 l_2 & \cosh \gamma_2 l_2 \end{pmatrix} \cdots$$
$$\cdots \begin{pmatrix} \cosh \gamma_n l_n & Z_0 \sinh \gamma_n l_n \\ \dfrac{1}{Z_0} \sinh \gamma_n l_n & \cosh \gamma_n l_n \end{pmatrix} \begin{pmatrix} V(l) \\ I(l) \end{pmatrix} \tag{3.30}$$

となり，断面積が変化する一般の音響管の解析に適応できる．ただし，$l = l_1 + l_2 + \cdots + l_n$ である．なお，鼻音は分岐がある線路に対応するが，分岐での電流電圧の関係からインピーダンスが容易に計算できる．

電気回路の観点からは，2 音響管の近似は，断面積が変化する部分から声門側を見たインピーダンス Z_b と口唇側を見たインピーダンス Z_f で議論することができる．N 個の線路が並列につながっているとき，つながり点から各線路を見たインピーダンスを Z_i，アドミタンスを Y_i とすると，一般に

$$\sum_{i=1}^{N} Y_i = \sum_{i=1}^{N} \frac{1}{Z_i} = 0 \tag{3.31}$$

で共振するので，2 音響管近似では $Z_b = -Z_f$ としてフォルマントが求められる．声門で声道が閉鎖（電気回路では開放）していると考え，体積流速度（電流）が零の条件で計算すれば $Z_b = Z_{0b} \coth(\gamma l_b)$ となり，口唇で声道が開放（電気回路では短絡）していると考え，音圧

---

† 音波の場合，損失は空気の粘性や声道壁の変形などであり，これを考慮すると平面波近似が成り立たなくなる．

（電圧）が零の条件で計算すれば $Z_f = Z_{0f} \tanh(\gamma l_f)$ となる．ただし，Z_{0b}, l_b は，声門側の音響管の（音響）特性インピーダンス，長さ，Z_{0f}, l_f は，口唇側の音響管の（音響）特性インピーダンス，長さである．伝搬定数 γ は両者で共通となる．無損失として $\gamma \to j\beta$ ($= j\omega/c$) とすれば $Z_b = -jZ_{0b}\cot(\beta l_b)$, $Z_f = jZ_{0f}\tan(\beta l_f)$ となり

$$Z_{0b}\cot(\beta l_b) = Z_{0f}\tan(\beta l_f) \tag{3.32}$$

で共振する．特性インピーダンスは $\rho c/A$ と断面積に逆比例するので，A_b を声門側音響管の断面積，A_f を口唇側音響管の断面積として

$$\cot(\beta l_b) = \frac{A_b}{A_f}\tan(\beta l_f) \tag{3.33}$$

となる．$l_b = l_f = l/2$ とすれば $(c/\pi l)\cot^{-1}\sqrt{A_b/A_f}$ がフォルマント周波数となる．更に $A_b = A_f = A$ とすれば式 (3.19) の均一音響管の場合になる．$A_b \gg A_f$ とすれば，前舌母音で第一フォルマントが低い周波数に現れることも理解できる．

3.5.6　一般の1次元音響管

断面積が x の関数として変化する1次元音響管を伝わる音波の解析は，短区間では音響管が均一で，そのような短区間均一音響管が縦続につながっているとしたうえで，隣接する音響管の境界での波の反射，透過の関係を記述することによって行なわれる．図 3.10 のように i 番目の区間の入力端での体積流速度の前進波，後進波を $U_i{}^+$, $U_i{}^-$, $i+1$ 番目の区間の入力端での体積流速度の前進波，後進波を $U_{i+1}{}^+$, $U_{i+1}{}^-$ とする．境界での i 番目から $i+1$ 番目の区間に向けての反射係数を $r_{i \to i+1}$, $i+1$ 番目から i 番目の区間に向けての反射係数を $r_{i+1 \to i}$ とすると

$$r_{i \to i+1} = \frac{Z_0{}^{(i+1)} - Z_0{}^{(i)}}{Z_0{}^{(i+1)} + Z_0{}^{(i)}} = -\frac{Z_0{}^{(i)} - Z_0{}^{(i+1)}}{Z_0{}^{(i)} + Z_0{}^{(i+1)}} = -r_{i+1 \to i} \tag{3.34}$$

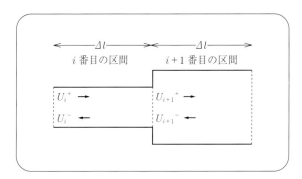

図 3.10　隣接する短区間均一音響管の境界での前進波と後進波

となるので $(Z_0^{(i)}, Z_0^{(i+1)}$ は，i 番目と $i+1$ 番目の区間の特性（音響）インピーダンス）

$$\begin{pmatrix} U_{i+1}{}^+ \\ U_i{}^- \end{pmatrix} = \begin{pmatrix} (1-r_{i\to i+1})e^{-\gamma_i \Delta l} & -r_{i\to i+1} \\ r_{i\to i+1}e^{-2\gamma_i \Delta l} & (1+r_{i\to i+1})e^{-\gamma_i \Delta l} \end{pmatrix} \begin{pmatrix} U_i{}^+ \\ U_{i+1}{}^- \end{pmatrix} \quad (3.35)$$

となる（γ_i は i 番目の区間の伝搬定数）．無損失の場合，反射係数は断面積のみの関数となり，i 番目と $i+1$ 番目の区間の断面積を，それぞれ A_i，A_{i+1} とすると

$$r_{i\to i+1} = \frac{A_i - A_{i+1}}{A_i + A_{i+1}} \quad (3.36)$$

となる．また，$e^{-\gamma_i \Delta l}$ は $e^{-j\frac{\omega}{c}\Delta l}$ の位相遅れとなり，各境界での $\tau = \Delta l/c$ ごとの反射，透過を計算して声道の時間領域でのシミュレーションを行うことができる．これは，**Kelly 形声道モデル**と呼ばれており，これを基に音声合成が行われた[11]．声道の伝達特性についての記述は，多くの音声関係の書籍に見られるが，巻末文献1),4),5),8),12) などに詳細な説明がある．

3.6 放射特性

声道を伝搬した音波が口から放射される時の特性は，頭を球体のバッフルと見立て，口唇（あるいは鼻孔）に対応する穴を開けたものとして計算されるが，複雑であり，方向にも依存する．そこで，無限大の平面バッフルからの放射として計算されるが，比較的良い近似となっている．口唇からの放射を単一の点音源の放射と考え，平面バッフルにより自由空間の半分に放射されるとすると，口唇から l だけ離れた点での音圧 $P(l)$ は，点音源の体積流速度を U とすると

$$P(l) = \frac{j\omega\rho}{2\pi l} e^{-j\frac{\omega}{c}l} U \quad (3.37)$$

となり，放射特性の振幅特性 $|P(l)/U|$ は周波数 ω に比例して増大する．6 dB/oct. の特性を有することとなり，母音では，音源波形の周波数特性が -12 dB/oct. であることを考慮すると，全体で -6 dB/oct. の特性となる．

3.7 調音結合

　個々の音を連続的に発声した場合，発音器官を調音に対応するように変形するのには有限の時間がかかる．このため，音と音の間には遷移区間が見られ，前後の音によって調音位置などが変化することになる．破裂音に続く母音のフォルマント遷移は，破裂音の知覚に重要であるとされ，特に第2フォルマントの開始位置に着目して研究が行われた[13]．このような現象を**調音結合**（co-articulation）と呼ぶ．遷移の様子は，音によって異なり，舌の位置の正確な制御が求められる母音の遷移は比較的時間がかかり，また，顎が上がる場合と下がる場合では遷移に要する時間が異なる．母音間のフォルマント遷移については，そのモデル化も行われている[14]．図**3.11**は母音間のフォルマント周波数の変化を，個々の母音の目標値間の臨界制動2次線形系の遷移として表現した**指令–応答モデル**（command-response model）である[15]．一般の連続音声は母音と子音が混在する．このような場合，母音の連続的な変化に，子音が重畳したものといった捉え方があるが，当然，子音によって，その様子は異なるものと考えられる．また，先行する音（の調音）が後続する音（の調音）に影響するといった考え方（carry-over）と，後続する音（を発声する準備）が先行する音（の調音）に影響するといった考え方（anticipation）がある．

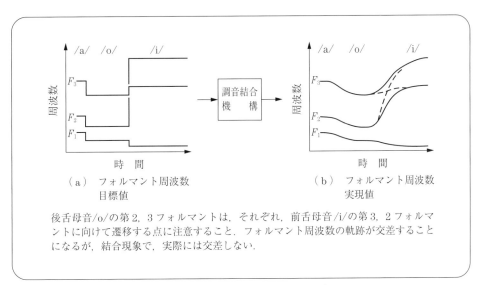

図 **3.11**　母音の調音結合のモデル[15]

3.8 韻律的特徴

2章に述べたように，音声の特徴は，分節的特徴と韻律的特徴に大別され，前者は声道伝達特性と関連が深いのに対し，後者はおもに音源と関連する．前者が語義の伝達に主要な役割を果たすのに対し，後者は談話の焦点といった高次の言語情報，あるいは意図感情といったパラ・非言語情報の伝達に主要な役割を果たし，円滑なコミュニケーションの実現には，韻律的特徴の取扱いが重要な課題となっている．韻律的特徴は，声帯振動の高さ，大きさ，長さに現れ，その時間的な変動が重要である．ここでは，種々のモデル化が行われている声帯振動の基本周波数の時間変化（基本周波数パターン）についてみてみよう．

過去には，基本周波数パターンを線形の周波数軸で表し，男性と女性でパターンが異なることなどの議論があったが，声帯の伸び縮みと振動周波数の関係や人間の音の高さの知覚特性から対数軸で表すのが適切であると考えられる．実際，対数軸では男性と女性のパターンは似た形状となる．基本周波数パターンを定式化するに際して，無声音部の取扱いが問題となる．声帯振動がない無声音では基本周波数パターンが観測されないが，連続的に変化すると考えるのが妥当とされ，フォルマント遷移に対するような議論の対立はない．

基本周波数パターンをよく見ると，単語や文節に対応する局所的な起伏と，イントネーションに対応する緩やかな起伏とから構成されている．これに基づくモデル化が重畳モデルであり，いくつか提案されているが[16),17)]，その中で言語情報あるいはパラ・非言語情報との明確な対応が得られるものとして，基本周波数パターン生成過程モデルがあり[18)]，音声合成に利用されるなどしている（6章参照）．離散的な指令の臨界2次線形系の応答として，フレーズ成分，アクセント成分が生成されるとしたもので，その考え方は，図3.11のフォルマント遷移のモデル化と同じであるが，有用性の高いモデル化となっている．**図3.12**は，男性話者が"豆を見る"を，断定，疑問，反論の意図で発声した音声の基本周波数パターンを，生成過程モデルで分析した結果であり，意図によるパターンの違いが，明確となっている[19)]．

重畳モデルの問題点は，観測されたパターンを，個々の要素に自動的に分離するのが困難な点にある．このため，分離せずにモデル化する試みもいくつかなされているが，パターンの現象論的な照合になり，言語情報との関連が希薄になる．日本語や英語音声と異なり，中国語などの声調言語では，音素ごとの基本周波数変化が大きく，フレーズ成分の影響が小さいため，有用なモデル化となっている[20)]．

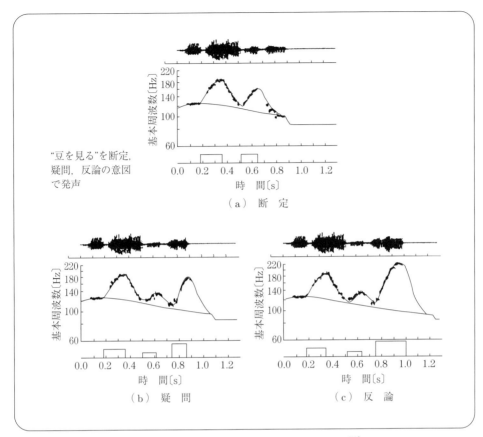

図 3.12 意図による基本周波数パターンの変化[20]

　破裂音に後続する母音の開始部で，高い位置から急激に下降するなど，基本周波数パターンには音素単位での変動もみられる．これは，調音によって声帯の緊張度合が変化し，また，声道の形状によって声帯から口側を見たインピーダンスが変化するためである．有声摩擦音では，呼気圧が声帯振動と乱流に分散されるため，（前後の母音と比べ）基本周波数はわずかに低下する．このような音素単位での細かい基本周波数の変動を**マイクロプロソディー**（micro-prosody）と呼ぶ．言語情報やパラ・非言語情報の伝達にはほとんど寄与せず，これを再現しないことによる合成音声の品質の低下はわずかである．

☕ 談　話　室 ☕

臨界制動 2 次線形系　　質量 m のおもりと壁を，ばね定数 k のばねと減衰定数 γ のダンパーでつないだときの振動は

$$m\frac{d^2x(t)}{dt^2} + \gamma\frac{dx(t)}{dt} + kx(t) = 0$$

の2階の微分方程式で表されることはよく知られている．これを**2次線形系**と呼び，γ が $2\sqrt{mk}$ より小さいとき減衰振動となり，大きいときは振動せずに減衰する．$\gamma = 2\sqrt{mk}$ のときが臨界制動2次線形系である．電圧計や電流計の針の動きも2次線形系で表され，γ を $2\sqrt{mk}$ よりやや大きくなるように設計する．フォルマントや基本周波数の動きが，臨界2次線形系になるという保証はないが，通常の発話では妥当な近似となっている．

本章のまとめ

音声の生成について，特に，スペクトルの観点から，発音器官，調音器官との関係を解説した．ここでは1次元音響管モデルを用いた波動の解析について述べたが，最近では核磁気共鳴による画像処理（MRI）によって声道の詳細な観測が可能となり，3次元の声道モデルを構築して，有限要素法などによる精密な解析が行われるようになっている．

音声は調音結合によって"変化に富む"ものとして観測されるが，これは，発音器官，調音器官の動きの物理的制約のもとで，人間が，言語情報が正しく伝達される範囲内で，なるべく"楽に"発声しようとする"なまけ"現象として捉えることができる．慣用句など，明確に発音しなくても聞き手が理解できる場合は，早い話速で発音し，音の特徴が大幅に変形される．一方，理解が困難であることが予想されると，ゆっくりと発話し，丁寧に調音する．

●理解度の確認●

問 3.1 音（オン）と音素について説明せよ．

問 3.2 母音の知覚とフォルマントについて述べよ．

問 3.3 式 (3.17) で，$-1 \leq r_l < 0$ のとき，$|V(\omega)|$ が $\omega l/c = \pi/2 + n\pi$ で最大になることを示せ．

問 3.4 反共振はどのようなときに生じるか？

4 音声分析

　音声は空気の振動であり，これはマイクロフォンによって電気信号に変えられる．そのままアナログ信号として処理を行うこともできるが，時間，大きさが離散化されたデジタル信号として表現し，コンピュータを用いて処理することにより，種々の高度な分析が可能となる．2章で既に述べたように，音声波形は種々の周波数で振動する成分から構成され，その特徴が音によって異なる．したがって，音声分析では，フーリエ変換によるスペクトル（spectrum）解析が基本となる．音韻の知覚には，個々の周波数成分の大きさが重要で，それらの時間関係（位相）が寄与しないことから，音声分析では，スペクトルの絶対値をとった振幅スペクトル，あるいはその2乗のパワースペクトルが用いられ，位相は無視されることが多い．もちろん，音声波形を復元するためには，位相特性が必須となる．ここでは，音声のような，時間によって変化する連続波形の分析の基本となる窓掛について説明したあと，音声を時間波形として分析する手法，周波数に変換して分析する手法について述べる．なお，波形の周波数解析手法として有用なウエーブレット変換については，ここではふれないが，多くの教科書があるのでそれらを参考にされたい．

4.1 窓掛

音声のような，時間とともに変化する連続波形（時変信号）の分析では，一般に，波形の一部を切り出す窓掛という操作が必要となる．時間変化に対する追従性の観点からは，なるべく短時間窓の窓掛が望ましいが，窓掛の影響が大きくなる．音声には，母音のように定常的な音と破裂音のように過渡的な音が混在し，最適の窓長は一概に決められない．母音の定常部では，基本周期の3倍程度の窓長で安定な分析が可能であるが，破裂〜母音過渡部の分析には，追従性からいって不向きである．基本的な窓は時間 T を切り出すもので，**方形窓**（**矩形窓**，rectangular window）と呼ばれ，時刻 t の関数として次式で与えられる．

$$w(t) = \begin{cases} 1 & (0 \leq t \leq T) \\ 0 & （上記以外） \end{cases} \tag{4.1}$$

後述するように，窓で切り出した波形をフーリエ変換によって周波数分析すると，窓の周波数特性が畳み込まれたものとして観測される．式 (4.1) をフーリエ変換すると

$$W(\omega) = \int_{-\infty}^{\infty} w(t)e^{-j\omega t}dt = e^{-\frac{j\omega T}{2}}\frac{2}{\omega}\sin\frac{\omega T}{2} \tag{4.2}$$

となり，振幅特性 $|W(\omega)|$ は中心周波数 $\omega = 0$ で最大値 1 をとり，$\omega = 2\pi/T$ の整数倍で 0，その間で極値を取りながらしだいに減衰し，窓の影響が広い周波数範囲に及ぶことが分かる[†]．方形窓では，切り出し区間の両端に急激な変化を生ずるので，分析対象波形の周期，窓長とその位置で，分析結果が大きく変化することがある．これを避けるために，窓の両端で値を小さくすることが行われる．ハミング（Hamming）窓，ハニング（Hanning）窓を初め，いくつかの形式の窓が提案されている．**ハミング窓**は

$$w(t) = \begin{cases} 0.54 - 0.46\cos\left(\dfrac{2\pi t}{T}\right) & (0 \leq t \leq T) \\ 0 & （上記以外） \end{cases} \tag{4.3}$$

で表される．これらの窓は，方形窓と比べ，周波数による振幅特性の減衰がより大きくなっているという特徴がある．また，同じ T に対し，中心周波数の広がり（最初に振幅特性が 0

[†] 1 を取る区間を $|t| \leq T/2$ のように記述することもでき，その場合は $e^{-\frac{j\omega T}{2}}$ の項がなくなるが，振幅特性は同じである．

となる周波数）が，方形窓の倍になっているという特徴がある．これは，ハミング窓（やハニング窓）の等価的な分析区間は，半分の長さの方形窓になっていることに対応する．窓の面積を考えてみれば，これは納得がいくであろう．**図 4.1** に母音/a/の波形と，中央付近をハミング窓で切り出した波形を示す．

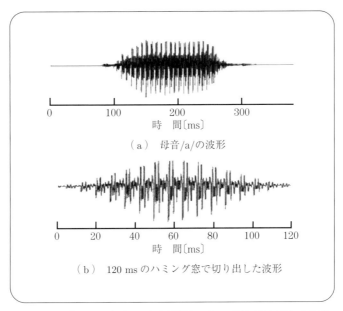

図 4.1　母音/a/の波形と，中央付近をハミング窓で切り出した波形

音声分析の際は，窓を時間方向に移動させることで，時間変化特性を求める．窓の長さ T を**フレーム長**，移動の単位を**フレーム周期**（**シフト長**）と呼ぶ．音声認識における特徴量抽出など，分析の安定性と時間追従性の観点から，T をフレーム周期の 2 倍程度に設定することが多い．

4.2　離散信号化

音声波形の処理は，デジタルコンピュータを用いた数値計算で行なわれるのが一般的である．そのために，アナログ信号として得られる音声波形を，時間方向，振幅方向に離散化したデジタル信号として取り扱う．時間方向の離散化を**標本化**（sampling），振幅方向の離散化を**量子化**（quantization）と呼ぶ．**標本化定理**（sampling theorem）によると，連続波形

$x(t)$ を時間間隔 ΔT で標本化した場合,標本化した離散的信号から $x(t)$ が次式で完全に再現されるためには,$x(t)$ が $1/2\Delta T$ 以下に帯域制限されている必要がある.

$$x(t) = \sum_{n=-\infty}^{\infty} x(n\Delta T) \frac{\sin\left\{\frac{\pi}{\Delta T}(t-n\Delta T)\right\}}{\frac{\pi}{\Delta T}(t-n\Delta T)} \qquad (4.4)$$

ΔT での標本化は,周波数領域ではスペクトルが $1/\Delta T$ を周期として繰り返されることになるので,$x(t)$ に $1/2\Delta T$ を超える成分があると,それが折り返されて再現された波形のスペクトルがひずむ.これを**エリアシング**(aliasing)と呼ぶ.以後,標本化された信号 $x(n\Delta T)$ を $x(n)$ のように ΔT を省略して記す.サンプリング時点を ΔT のどこにするかといった "ゆれ" があるが,ここでは,例えば,ハミング窓の式 (4.3) の離散表現は,$T = N\Delta T$ として

$$w(n) = \begin{cases} 0.54 - 0.46\cos\left(\dfrac{2\pi n}{N-1}\right) & (0 \leqq n \leqq N-1) \\ 0 & (\text{上記以外}) \end{cases} \qquad (4.5)$$

のように記す.

$\omega^* = \omega\Delta T$ を**正規化角周波数**と呼ぶ.ΔT で標本化したとき,$\omega_{\max} = \pi/\Delta T$ で帯域制限されるが,正規化角周波数では π で帯域制限されることになる.

4.3 短時間エネルギーと短時間自己相関関数

音声の分析には,波形をそのまま処理する時間領域での処理とフーリエ変換などによってスペクトルを求める周波数領域での処理がある.時間領域での処理の代表的なものに短時間エネルギーと短時間自己相関関数がある.窓で切り出した波形をそのまま掛け合わせれば

$$e(n) = \sum_{m=-\infty}^{\infty} [x(m)\,w(n-m)]^2 \qquad (4.6)$$

のように短時間エネルギー $e(n)$ が得られ,k 標本点(サンプル)分だけシフトして掛け合わせれば

$$r_k(n) = \sum_{m=-\infty}^{\infty} x(m)\,w(n-m)\,x(m+k)\,w(n-m-k) \qquad (4.7)$$

のように短時間自己相関関数 $r_k(n)$ が得られる.短時間エネルギーで除すことで,$k=0$ で

1になるように正規化される．

窓掛と時間領域の処理　式 (4.6) のように窓関数を掛けることは，波形から時点 $n-(N-1)\sim n$ の区間を切り出して短時間エネルギーを求め，それを $e(n)$ と表示していることになる．過去の時点の波形の値から計算している点で納得がいくが，$n\sim n+(N-1)$ の区間で切り出して $e(n)$ とすることも可能な選択肢であろう．

窓で切り出しているので，得られた結果をどの時点の結果とするかについては，窓幅分のゆれが存在する．窓掛けした波形の時系列を x_i $(i=0, 1, \cdots, N-1)$ として，短時間自己相関関数は簡便に次式で表される．

$$r_k = \sum_{i=0}^{N-1-|k|} x_i x_{i+|k|}$$

短時間エネルギーは有声音，無声音，無音の区別に有用である．高域フィルタリングや低域フィルタリングを行ってエネルギーを求めれば，より精度の高い有声/無声の区別が可能となる．2乗操作の代わりに絶対値を取れば，短時間振幅となる．

母音のような周期信号の短時間自己相関関数は，$k\Delta T$ が周期の整数倍で大きな値を取る．このため，自己相関関数のピーク値を求めることで，基本周期を知ることができる．K だけシフトして掛け合わせる代わりに，差の絶対値を取ることで，計算負荷を低減した振幅差関数となる．この場合は，$k\Delta T$ が周期の整数倍で小さな値を取る．自己相関関数は，k を大きくするに従い，重なり合う部分が小さくなり，値も小さくなる．窓長 N を超えると零になる．これを解消するために，異なる窓長の窓を使う変形短時間自己相関関数 $\hat{r}_k(n)$ がある．

$$\hat{r}_k(n) = \sum_{m=-\infty}^{\infty} x(m)\, w_1(n-m)\, x(m+k)\, w_2(n-m-k) \tag{4.8}$$

シフトしても重なり合う部分が小さくならないように，w_2 を w_1 よりも想定される最大のシフト長よりも長くしておく．なお，自己相関関数では $r_k(n) = r_{-k}(n)$ の特徴があるが変形自己相関関数はその限りでなく，相互相関関数となっている．

時間領域の処理としては，このほか，単位時間に波形振幅が何回零になるかを求めた短時間平均零交差速度がある．単一正弦波では周波数に対応する．高い周波数成分が多く含まれると大きな値を取り，有声/無声の判定に使われる．

4.4 周波数スペクトル

信号に含まれる周波数成分の様子を**周波数スペクトル**（frequency spectrum）あるいは単に**スペクトル**と呼び，フーリエ変換によって求めることができる．以下のように，連続信号 $x(t)$ をフーリエ変換すれば，周波数スペクトル $X(\omega)$ が得られ

$$X(\omega) = \int_{-\infty}^{\infty} x(t) e^{-j\omega t} dt \tag{4.9}$$

その逆変換

$$x(t) = \frac{1}{2\pi} \int_{-\infty}^{\infty} X(\omega) e^{j\omega t} d\omega \tag{4.10}$$

で，元の信号が得られる．$X(\omega)$ は複素数となるが，既に述べたように，人間の知覚は，周波数成分の振幅関係に比べ，位相関係に鈍感であるため，一般的には $X(\omega)$ の大きさである振幅スペクトル $|X(\omega)|$ あるいはその2乗のパワースペクトルが分析結果として利用される（一般に対数値で扱われるのでどちらでもよい）．窓 $w(t)$ が掛けられている場合，$\hat{X}(\omega) = X(\omega) * W(\omega)$ のように窓の影響が畳込みとして現れる．離散信号 $x(n)$ に対しては，波形が $T = N\Delta T$ の周期関数と仮定して

$$X(k) = \sum_{n=0}^{N-1} x(n) e^{-j\frac{2\pi k}{N} n} \quad (0 \leq k \leq N-1) \tag{4.11}$$

$$x(n) = \frac{1}{N} \sum_{k=0}^{N-1} X(k) e^{j\frac{2\pi k}{N} n} \quad (0 \leq n \leq N-1) \tag{4.12}$$

の**離散フーリエ変換**（discrete Fourier transform）とその逆変換が得られる[†]．これは矩形窓の場合であり，波形の繰り返し時点での不連続による悪影響を避けるために，前述のハミン

[†] 離散フーリエ逆変換は，N を偶数として

$$x(n) = \frac{1}{N} \sum_{k=-\frac{N}{2}}^{\frac{N}{2}-1} X(k) e^{j\frac{2\pi k}{N} n}$$

のように記述することができ，こちらの方が式 (4.10) の自然な拡張となっている．指数関数の

$$e^{j\frac{2\pi k}{N} n} = e^{j\frac{2\pi (k+N)}{N} n}$$

の性質を利用すれば

$$-\frac{N}{2} \leq k \leq -1 \text{ を } \frac{N}{2} \leq k \leq N-1$$

の範囲に移すことができ，式 (4.12) となる．

グ窓，ハニング窓などが用いられる．離散フーリエ変換の計算は N^2 のオーダとなるが，N が 2 の累乗のときには高速フーリエ変換（FFT, fast Fourier transform）によって，高速に計算することができる．図 **4.2** に図 4.1 のハミング窓で切り出した波形から得られた振幅スペクトルを示す．基本周波数に対応する線スペクトル構造となっている．

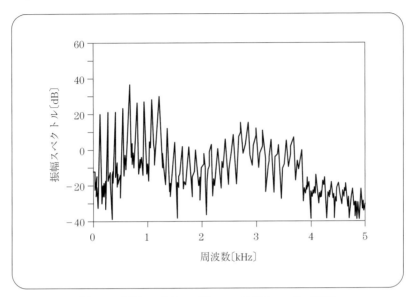

図 **4.2** 振幅スペクトル（図 4.1 の波形のフーリエ変換）

フーリエ変換は自己相関関数と密接に関係する．ウィーナー・ヒンチン（Winer-Khintchine）の定理により，自己相関関数 $r_m = \sum_{i=0}^{N-1-|m|} x_i x_{i+|m|}$ からパワースペクトル $|X(k)|^2$ が

$$|X(k)|^2 = \sum_{m=-(N-1)}^{N-1} r_m e^{-j\frac{2\pi k}{N}m} \quad (0 \leq k \leq N-1) \tag{4.13}$$

更に，r_m は偶関数であるので，コサイン変換で

$$|X(k)|^2 = \sum_{m=-(N-1)}^{N-1} r_m \cos\left(j\frac{2\pi k}{N}m\right) \quad (0 \leq k \leq N-1) \tag{4.14}$$

となる．

スペクトル解析は，帯域フィルタを用いて行うこともできる．特に，コンピュータの能力が低かった 1980 年ごろまでは，連続波形を帯域フィルタに通して周波数分析する**スペクトログラフ**（spectrograph）という装置が一般的に使われていた．位相特性は得られないが，スペクトルの振幅特性の時間変化として**スペクトログラム**（sound spectrogram，単に spectrogram）を表示する．スペクトログラムの表示には，時間，周波数，強さの 3 軸が必要であるが，ス

ペクトログラフでは，強さを白（小）-黒（大）で表現し，2次元の濃淡として周波数特性として得られる[1]．声紋として人の判別などに使われたりする．現在ではコンピュータにより離散フーリエ変換を行った結果を3次元表示にすることも一般的に行われている．

☕ 談 話 室 ☕

スペクトログラフ これは Kay という会社で独占的に作られ，その商標である**ソナグラフ**（Sonagraph）という用語も広く使われた．スペクトログラフにより得られるスペクトログラムを**ソナグラム**と呼ぶこともある．音声をエンドレスの記録媒体に録音し，高速で繰り返し再生する．これを，帯域フィルタに通し周波数分析を行うが，その際，帯域フィルタの中心周波数を低→高に変化させる．帯域フィルタ出力を増幅して得られる電圧を針先にかけ，金属ドラムと放電させ，その強さ・頻度を，ドラムに巻きつけた特別な紙に記録する（放電すると黒くなる）．ドラムと記録媒体は同期して回転しており，中心周波数に従って針を上方に移動させることで，スペクトログラムが得られる．白黒表示のダイナミックレンジが狭く，調整にある程度の経験が必要であった．図 **4.3** は，"The study of acoustic phonetics" と発声したときの（広帯域）スペクトログラムである．（D. Crystal: The Cambridge Encyclopedia of Language, Cambridge University Press (1997.2) より）

図 4.3 "The study of acoustic phonetics" と発声したときの（広帯域）スペクトログラム

帯域フィルタにせよ，フーリエ変換にせよ，周波数分析の時間分解能と周波数分解能には関係があり，一方を高くすれば，他方は低下する．例えば，フーリエ変換の場合は，窓を狭めることで時間分解能を高めることができるが，窓の周波数特性の畳込みで周波数分解能は低くなる．このため，用途によって，窓幅を基本周期の数倍とした**狭帯域スペクトログラム**

(narrow band spectrogram) と基本周期以下とした**広帯域スペクトログラム**（wide band spectrogram）が使い分けられる[†1]．図 4.4 と図 4.5 に"アイウエオ"と発声した音声の狭帯

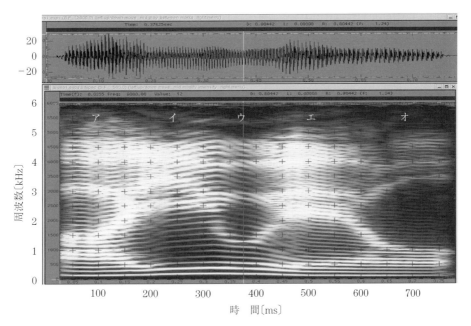

図 4.4 日本語 5 母音を連続的に発声した音声の狭帯域スペクトログラム（オリジナルはカラー表示のため，図 4.3 とは逆に強さが大きい部分が白く表示されている．Web ページ[†2]で参照可能）

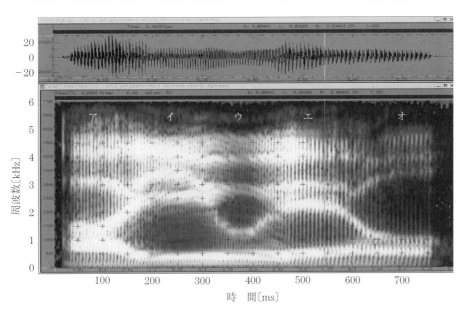

図 4.5 日本語 5 母音を連続的に発声した音声の広帯域スペクトログラム（Web ページ[†2]で参照可能）

[†1] 帯域フィルタの分析でスタートした経緯から，帯域フィルタの帯域幅に着目した用語となっている．
[†2] http://www.coronasha.co.jp/np/isbn/9784339018424/

域と広帯域のスペクトログラムを示す．狭帯域スペクトログラムでは横縞の間隔が基本周波数に対応するのに対し，広帯域スペクトログラムでは縦縞の間隔が基本周期を表す．

4.5 線形予測分析

離散信号を対象とし，時点 n の標本値 $x(n)$ が，過去の p 個の標本値の線形結合で予測できるとした次式の定式化を**線形予測**（linear prediction）と呼ぶ[7]～[9]．

$$x(n) = \hat{x}(n) + e(n) = \sum_{i=1}^{p} \alpha_i x(n-i) + e(n) \tag{4.15}$$

$\hat{x}(n)$ は予測値で，各標本値の重み α_i は**線形予測係数**（linear predictive coefficient）と呼ばれる[†]．$e(n)$ は予測誤差で**残差**（residual, residual error）である．音声の場合，予測不能なのは音源と考えられ，$u(n)$ とすれば，G をゲイン定数として，式 (4.15) は

$$x(n) = \sum_{i=1}^{p} \alpha_i x(n-i) + Gu(n) \tag{4.16}$$

となる．$x(n)$, $u(n)$ の z 変換を $X(z)$, $U(z)$ とすれば，$x(n-i)$ の z 変換は $X(z)z^{-i}$ となるので

$$H(z) = \frac{X(z)}{U(z)} = \frac{G}{1 - \sum_{i=1}^{p} \alpha_i z^{-i}} \tag{4.17}$$

となる．これは，z 変換して声道伝達特性 H を表したものであり，分母のみが z の多項式であるので，線形予測モデルは（零点を想定しない）**全極モデル**ということができる．

☕ **談　話　室** ☕

線形予測　　低ビットレート符号化で用いられ，**線形予測符号化**（linear predictive coding）と呼ばれる．この頭文字をとって，線形予測分析のことを **LPC 分析**と呼ぶことが多い．直訳すると線形予測符号化分析となるので，少し変な気もする（英語では LP analysis）．なお，音声の周波数特性には零点も含まれるので，特に零点が顕著に表れる鼻

[†] $-\alpha_i$ で定式化する書き方もある．

音などでは，粗い近似となり，線形予測係数から計算される極もフォルマントを表すとは限らない．これに対し，次式の**自己回帰移動平均モデル**（autoregressive moving average model, **ARMA model**）がある（線形予測モデルは自己回帰モデルである）．

$$x(n) = \sum_{i=1}^{p} \alpha_i x(n-i) + \sum_{k=0}^{q} \beta_k u(n-k)$$

$\beta_0 = G$ として z 変換すれば

$$H(z) = \frac{X(z)}{U(z)} = G \frac{1 + \sum_{k=1}^{q} \beta_k z^{-k}}{1 - \sum_{i=1}^{p} \alpha_i z^{-i}}$$

となり，分子も z の多項式となるので，極零モデルとなる．音声のモデル化には，よりふさわしいと考えられるが，線形予測モデルのように，観測される波形から係数 α_i, β_k 解析的に求めることができないという問題がある．

線形予測係数は，次式で与えられる適宜の区間にわたる予測誤差の2乗和 $e_m(n)$ が最小になるという条件から計算される．

$$e_m(n) = \sum_m e^2(n+m) \tag{4.18}$$

ここで，$\alpha_0 = -1$ とすると

$$e_m(n) = -\sum_m \left[\sum_{i=0}^{p} \alpha_i x(n+m-i) \right]^2$$

$$= -\sum_m \sum_{i=0}^{p} \sum_{k=0}^{p} \alpha_i \alpha_k x(n+m-i) x(n+m-k) \tag{4.19}$$

となるので

$$C_{ik}(n) = \sum_m x(n+m-i) x(n+m-k) \tag{4.20}$$

とすれば

$$e_m(n) = -\sum_{i=0}^{p} \sum_{k=0}^{p} \alpha_i \alpha_k C_{ik}(n) \tag{4.21}$$

となる．次式のように α_i $(i = 1, 2, \cdots, p)$ で偏微分したものを 0 と置いて

$$\frac{\partial e_m(n)}{\partial \alpha_i} = -2\sum_{k=0}^{p} \alpha_k C_{ik}(n) = 0 \qquad (i=1, 2, \cdots, p) \tag{4.22}$$

となるので

$$\sum_{k=1}^{p} \alpha_k C_{ik}(n) = C_{i0}(n) \qquad (i=1, 2, \cdots, p) \tag{4.23}$$

のp個の式からなる未知数p個の連立1次方程式となり，これを解くことで$\alpha_i (i=1, 2, \cdots, p)$が求められる．

実際の解法には，信号の窓掛と予測誤差の2乗和を取る区間（mの区間）により，バラエティーがあるが，共分散法と自己相関法が知られている．**共分散法**（covariance method）は，信号には窓掛を行わずに，$0 \sim N-1$の区間で予測誤差の2乗和を計算する．それに対し，**自己相関法**（correlation method）は，$0 \sim N-1$の区間の窓掛を行って，範囲外では信号が0と想定し，区間を明示的に設定せずに2乗和を計算する．そうすると，式(4.21)の$C_{ik}(n)$は，遅れ$k-i$の自己相関関数$r_{k-i}(n)$となる．$r_{i-k}(n) = r_{k-i}(n)$であるので，式(4.23)は

$$\begin{bmatrix} r_0(n) & r_1(n) & \cdots & r_{p-1}(n) \\ r_1(n) & r_0(n) & \cdots & r_{p-2}(n) \\ \vdots & \vdots & \ddots & \vdots \\ r_{p-1}(n) & r_{p-2}(n) & \cdots & r_0(n) \end{bmatrix} \begin{bmatrix} \alpha_1 \\ \alpha_2 \\ \vdots \\ \alpha_p \end{bmatrix} = \begin{bmatrix} r_1(n) \\ r_2(n) \\ \vdots \\ r_p(n) \end{bmatrix} \tag{4.24}$$

のように，係数行列が，対角線に平行な要素がすべて同じ値を取る対称行列となる．式(4.24)は**ユール・ウォーカー**（Yule-Walker）**の方程式**と呼ばれ，レビンソン・ダービン（Levinson-Durbin）の再帰的手法により効率的に解くことができる．また，行列の正定値性が保証され逆行列が存在するので，必ず$\alpha_i (i=1, 2, \cdots, p)$を求めることができる．これに対し，共分散法では正定値性は保証されない．信号が定常的でNを大きく取れる場合は，両者でほぼ同じ結果が得られる．破裂音など1基本周期以下での分析が求められる場合は，共分散法が適している．なお，自己相関法では，窓の両端で式(4.16)で標本値0が存在することになるので，窓を（方形窓でなく）ハミング窓などとする．

自己相関法を想定し，式(4.17)で$z \to e^{j\omega^*}$（ω^*：正規化角周波数）として，パーセバル（Parseval）の定理により予測誤差の2乗和を周波数領域で表現すれば

$$e_m(n) = \sum_{m=-\infty}^{\infty} e^2(n+m) = \frac{1}{2\pi} \int_{-\pi}^{\pi} |E(e^{j\omega^*})|^2 d\omega^*$$

4.5 線形予測分析

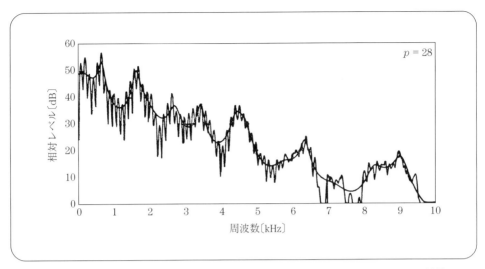

図 4.6 線形予測分析によるスペクトル包絡を，離散フーリエ変換で求めたスペクトルと比較して図示 $(p=28)$[5),11)]

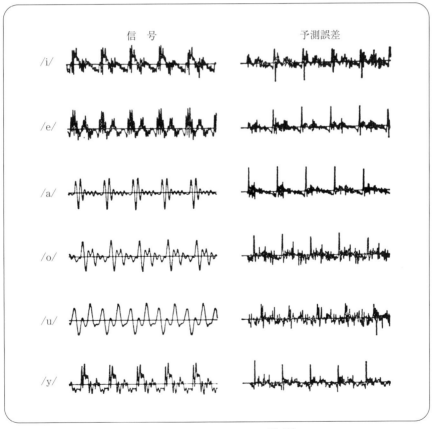

図 4.7 母音音声の残差波形[5),12)]

$$= \frac{1}{2\pi} \int_{-\pi}^{\pi} \frac{|X(e^{j\omega^*})|^2}{\left|1 - \sum_{i=1}^{p} \alpha_i e^{-j\omega^* i}\right|^2} d\omega^* \tag{4.25}$$

となる[10]．予測誤差の 2 乗和の最小化は（窓掛して得られる）音声素片のパワースペクトルを全極モデルのパワースペクトルに一致させるプロセスとして解釈できる．分母 < 分子のずれよりも分母 > 分子のずれを重視することになる．これは，母音の場合，線スペクトルのピークを重視してスペクトル包絡を求めることに対応する．これに対し，後述のケプストラムによる分析では，スペクトルの谷による影響がより強く表れる．

図 4.6 に線形予測分析により求めたスペクトル包絡を，離散フーリエ変換によって求めたスペクトルと比較して示す．スペクトル包絡特性が良好に表現されている様子が分かる．また，図 4.7 はいくつかの母音音声に対する残差波形であるが，そのピーク位置から，基本周期を知ることができる．

4.6 自己相関法とPARCOR分析

式 (4.24) は下記によって効率的に再帰的に解くことができる（レビンソン・ダービンの再帰的手法）[5]．

$$Q_0 = r_0(n) \tag{4.26}$$

$$k_i = \frac{r_i(n) - \sum_{j=1}^{i-1} \alpha_j^{(i-1)} r_{i-j}(n)}{Q_{i-1}} \quad (1 \leq i \leq p) \tag{4.27}$$

$$\alpha_i^{(i)} = k_i$$

$$\alpha_j^{(i)} = \alpha_j^{(i-1)} - k_i \alpha_{i-j}^{(i-1)} \quad (1 \leq j \leq i-1) \tag{4.28}$$

$$Q_i = (1 - k_i^2) Q_{i-1} \tag{4.29}$$

i を 1 から p へと増やしていくことで，最終的に，$\alpha_j^{(p)}$ として p 次の線形予測係数が求まる．途中で得られる $\alpha_j^{(i)}$ は i 次の線形予測係数である．

ここで，i 次の線形予測逆フィルタ（式 (4.17) の右辺の分母に相当）を

$$A^{(i)}(z) = 1 - \sum_{h=1}^{i} \alpha_h^{(i)} z^{-h} \tag{4.30}$$

とすると,式 (4.28) を用いて

$$A^{(i)}(z) = 1 - \sum_{h=1}^{i} \left(\alpha_h^{(i-1)} - k_i \alpha_{i-h}^{(i-1)} \right) z^{-h} = A^{(i-1)}(z) - k_i z^{-i} A^{(i-1)}(z^{-1}) \tag{4.31}$$

となる.i 次の線形予測残差 $e^{(i)}(n)$ を

$$e^{(i)}(n) = x(n) - \sum_{h=1}^{i} \alpha_h^{(i)} x(n-h) \tag{4.32}$$

とすると,z 変換して

$$E^{(i)}(z) = A^{(i)}(z) X(z) = A^{(i-1)}(z) X(z) - k_i z^{-i} A^{(i-1)}(z^{-1}) X(z) \tag{4.33}$$

となる.右辺第 1 項は $i-1$ 次の線形予測残差の z 変換であり,第 2 項は

$$F^{(i)}(z) = z^{-i} A^{(i)}(z^{-1}) X(z) \tag{4.34}$$

として,z 逆変換すれば

$$f^{(i)}(n) = x(n-i) - \sum_{h=1}^{i} \alpha_h^{(i)} x(n+h-i) \tag{4.35}$$

となり,これは,$x(n-i+1) \sim x(n)$ のサンプルで $x(n-1)$ を予測していることになり,$f^{(i)}(n)$ は**後ろ向き予測残差**と呼ばれる ($e^{(i)}(n)$ は**前向き予測残差**).式 (4.33) と式 (4.34) から

$$E^{(i)}(z) = E^{(i-1)}(z) - k_i z^{-1} F^{(i-1)}(z) \tag{4.36}$$

となり,時間領域では

$$e^{(i)}(n) = e^{(i-1)}(n) - k_i f^{(i-1)}(n-1) \tag{4.37}$$

となる.一方,式 (4.34) に式 (4.33) を代入すれば

$$\begin{aligned} F^{(i)}(z) &= z^{-i} A^{(i-1)}(z^{-1}) X(z) - k_i A^{(i-1)}(z) X(z) \\ &= z^{-1} F^{(i-1)}(z) - k_i E^{(i-1)}(z) \end{aligned} \tag{4.38}$$

となり,時間領域では

$$f^{(i)}(n) = f^{(i-1)}(n-1) - k_i e^{(i-1)}(n) \tag{4.39}$$

となる.$e^{(0)}(n) = f^{(0)}(n) = x(n)$ を利用すれば,式 (4.37) と式 (4.39) から順次,各次数における前向き予測誤差と後ろ向き予測誤差を求めることができる.

ここで,注目したいのは,線形予測係数 α_i ($i = 1, 2, \cdots, p$) は次数 p によって異なる値

を有するのに対し，$\alpha_i^{(i)} = k_i$ は，次数 p に影響されない点である．また，本書では，音声の符号化は特にふれないが，線形予測分析を低ビット符号化に利用するにも k_i の方が優れていることが指摘されている．板倉らは，k_i が前向き予測誤差と後向き予測誤差の正規化相互相関から下記のように直接計算できることを示した[13]．

$$k_i = \frac{\sum_{n=1}^{N-1} e^{(i-1)}(n) f^{(i-1)}(n-1)}{\left[\sum_{n=1}^{N-1} \{e^{(i-1)}(n)\}^2 \sum_{n=1}^{N-1} \{f^{(i-1)}(n-1)\}^2\right]^{\frac{1}{2}}} \quad (i = 1, 2, \cdots, p) \quad (4.40)$$

これは，$x(n)$ と $x(n-i-1)$ とから $x(n-1), x(n-2), \cdots, x(n-i)$ の影響を取り去った残りの相関を求めていることになり，k_i を**偏自己相関係数**，あるいは **PARCOR** (PARtial auto-CORrelation) **係数**と呼んでいる．

$p+1$ 次の PARCOR 係数を仮想的に 1, -1 として $E^{(p)}(z)$ と $F^{(p)}(z)$ の関係を表現したもので声道伝達特性 $H(z)$ を表現する**線スペクトル対**（**LSP**, line spectrum pair）**分析**がある[14],[15]．PARCOR 分析合成システムの発展であるが，時間的な補間特性と量子化特性が良いという特徴がある．PARCOR 分析，LSP 分析は多くの教科書に記述されており，詳細はそれらにゆずる[16],[17]．

4.7 極/フォルマントの抽出

線形予測分析では，式 (4.18) の全極モデルとして声道伝達特性が表されるので，分母を 0 と置いて得られる根 z_k ($k = 1, 2, \cdots, p$) から，伝達特性の極/フォルマントを求めることができる．p 個の根のうち，複素共役根の 1 組が一つの極に相当する†．複素共役根の 1 組を $z_k = |z_k|e^{j \arg z_k}$, $\bar{z}_k = |z_k|e^{-j \arg z_k}$ とすると，z 変換とラプラス変換（の複素周波数 s）には，$z = e^{s \Delta T}$ の関係があるので，極周波数 F_k と帯域幅 B_k は

$$F_k = \frac{\arg z_k}{2\pi \Delta T} \quad (4.41)$$

$$B_k = -\frac{\log |z_k|}{\pi \Delta T} \quad (4.42)$$

---

† 実根はスペクトルの全体的な傾斜を表す．

で与えられる†.

ここで，問題となるのは極の数は事前に分からず，また，制限された帯域の中で，時間的に変動することである．このため，線形予測分析の次数は，想定される極の数×2よりも若干大きく設定することになり，極に対応しない複素共役根も存在することになる．これに対し，B_k/F_k が小さく，共振特性が明確なものを選択することが行われる．ただ，近い位置に二つの極が存在する場合など，正確な抽出が困難な場合もある．

図 4.8 は，図 4.1 の母音/a/を分析して得られたスペクトル包絡を，図 4.2 の振幅スペクトルとともに示したものであるが，3 kHz あたりの二つのフォルマントの推定が正しく行われていない．これを正しく行うには，3 kHz あたりの二つのフォルマントが存在するという知識をもとに，スペクトル包絡のモデルを用いた"合成による分析"が必要となる．合成による分析は，物理現象に対してモデルを仮定し，モデルと現象とが合うようにモデルのパラメータを調整するもので，analysis-by-synthesis（**A-b-S**）と呼ばれる．スペクトル包絡については，母音のモデルとして，周波数 f の関数としてのパワースペクトル包絡 $P(f)$ に対し，式 (4.43) が提案されている．

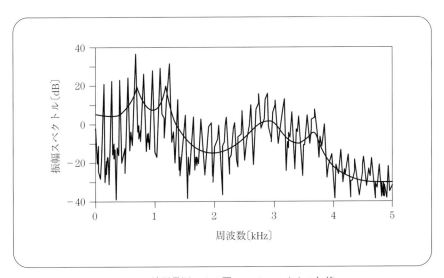

図 4.8　線形予測による図 4.2 のスペクトル包絡

---

† $s_k = \alpha_k + j\omega_k$ としたとき，帯域（角周波数）幅 $\Delta\omega = 2|\alpha_k|$ であるので
$$B_k = \left|\frac{\log|z_k|}{\pi \Delta T}\right|$$
となるが，安定性の条件から $|z_k| \leq 1$ であるので式 (4.43) となる．

$$20\log P(f) = 20\log\left|\frac{s}{(s+s_0)^2}\right| + \sum_{i=1}^{5} 20\log\left|\frac{s_i \bar{s}_i}{(s-s_i)(s-\bar{s}_i)}\right|$$
$$+ \left[0.43\left(\frac{f}{F_{IN}}\right)^2 + 0.00071\left(\frac{f}{F_{IN}}\right)^4\right] + 20\beta\log\left(\frac{f}{1000}\right) \quad (4.43)$$

右辺の項は第1項がスペクトルの傾斜特性,第2項が第1〜5フォルマント,第3,4項が高次フォルマントの補正などである.s_k, $\bar{s}_k$ がフォルマントに対応する(ラプラス変換の)複素共役根である.s_k, $\bar{s}_k$ などのパラメータを逐次近似法で求めることより,フォルマントを求めることができる[18].

図4.9 は,図4.2 のスペクトルについて,各線スペクトルの極値のみの値を用いて逐次近似を行って得られた結果である.3 kHz あたりの第3,第4 フォルマントが正しく抽出されているのが分かる.モデルに零点も考慮することで,鼻音のような零点を含む音声の分析も良好に行い得ることが期待されるが(逐次近似なので),適当な初期値を与える必要があり,自動分析には不向きである.

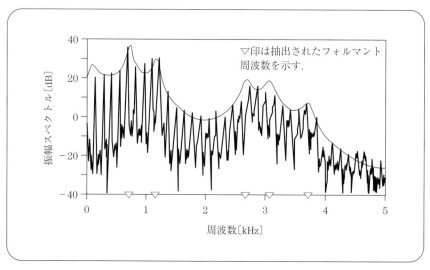

図 4.9　A-b-S による図 4.2 のスペクトル包絡

以上に加え,線形予測分析により求めた極の値には,誤差が含まれることに注意したい.一つは,(波形の声門閉鎖時点と比較した)窓位置による分析結果の変動である.これは,窓幅が1基本周期程度以下になると顕著である.このため,窓を周期に同期して移動させるピッチ同期分析が行われたりしている.窓幅が数周期になれば,窓位置によらない安定した分析が可能となるが,その場合でも,個々の線スペクトルと極の位置関係で,誤差が含まれる[19].図 4.10 はこの様子を示したもので,F_k/F_0 が小さな値を取るときに誤差が大きくなるので,

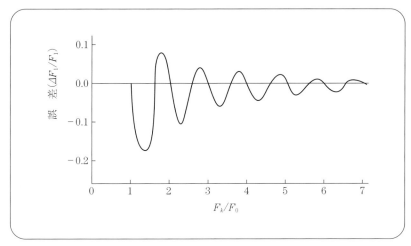

図 4.10 線形予測分析による第 1 フォルマント周波数の推定誤差

第 1 フォルマント F_1 で影響が大きい．$F_k/F_0 = 1, 1.5, 2, 2.5, \cdots$ でフォルマント周波数は正しく推定されるが，帯域幅は $F_k/F_0 = 1, 2, \cdots$ で小さく，$F_k/F_0 = 1.5, 2.5, \cdots$ で大きく推定される．

4.8 ケプストラム

信号 $x(t)$ のスペクトル $X(\omega)$ の（自然）対数のフーリエ逆変換 F^{-1} を**複素ケプストラム** (complex cepstrum) と呼ぶ．振幅スペクトル $|X(\omega)|$ に対して同様な操作を行って得られる $c(\tau) = F^{-1}(\log |X(\omega)|)$ は，単に**ケプストラム** (cepstrum) と呼ばれ，音声分析の有用な手段となっている[2),3)][†1]．フーリエ変換と，逆フーリエ変換を行うので，τ は時間の尺度となるが，対数処理のため信号の時間領域とは異なる．このため，τ を**ケフレンシー** (quefrency) と呼んでいる[†2]．

離散信号 $x(n)$ のフーリエスペクトル $X(k)$ に対しては，ケプストラム係数が

$$c(n) = \frac{1}{N} \sum_{k=0}^{N-1} \log |X(k)| e^{j\frac{2\pi k}{N} n} \tag{4.44}$$

[†1] spectrum をもじって cepstrum と呼ばれている．なお，一般にはパワースペクトルの対数のフーリエ逆変換として定義されるが，対数を取るため実質的な違いはない．
[†2] frequency をもじった造語である．

として計算される[†].

　信号 $x(t)$ のスペクトル $X(\omega)$ が $X(\omega) = G(\omega)H(\omega)$ のように二つのスペクトル $G(\omega)$, $H(\omega)$ の掛け算として表される場合

$$\log|X(\omega)| = \log|G(\omega)| + \log|H(\omega)| \tag{4.45}$$

となるので，ケプストラムは

$$c(\tau) = F^{-1}(\log|X(\omega)|) = F^{-1}(\log|G(\omega)|) + F^{-1}(\log|H(\omega)|) \tag{4.46}$$

となる．ただし，τ はケフレンシーである．有声音声の場合，そのスペクトルは，音源に相当する線スペクトルの大きさが，声道伝達特性によって変化したものであり，前者がスペクトルの微細構造，後者がスペクトルの包絡特性として観測される．ケプストラムでは，図 **4.11** のように低ケフレンシー部にはスペクトル包絡情報が，高ケフレンシー部には音源の繰返しの情報が現れることになり，音源と声道伝達特性の分離が可能となる．高ケフレンシー部のピークのケフレンシーから基本周期が求まる．

　音声認識や音声合成に利用するためには，スペクトルの周波数軸を人間の音の高さの知覚に合わせた方が良い結果が得られると考えられる．人間が感じる音の高さの（知覚）尺度として，**メル**（mel）尺度があり，スペクトルの周波数軸をメル尺度に変換してから余弦展開係数としてケプストラムを計算することがよく行われる．得られる結果は，**メル周波数ケプストラム係数**（mel-frequency cepstrum coefficient, **MFCC**）と呼ばれる．メル尺度に合わせて中心周波数と帯域幅を設計した（三角形状の）帯域フィルタバンクに，音声信号を通して得られる出力の対数値を，メル尺度のスペクトルとして，ケプストラム係数を求めることなどが行われている[26]．全域通過フィルタによる双一次変換で直接ケプストラム係数をメルケプストラム係数に変換することも行われている[27],[28]．これは，$\hat{z}$ を変換後の z スケールとして

$$\hat{z}^{-1} = \frac{z^{-1} - a}{1 - az^{-1}} \tag{4.47}$$

の変換を行うもので，$\hat{\omega}^*$ を変換後の正規化角周波数として，$z = e^{j\omega^*}$, $\hat{z} = e^{j\hat{\omega}^*}$ とすれば

$$\hat{\omega}^* = \omega^* + 2\tan^{-1}\frac{a\sin\omega^*}{1 - a\cos\omega^*} \tag{4.48}$$

[†] $$c(n) = \frac{1}{N}\sum_{k=-\frac{N}{2}}^{\frac{N}{2}-1} \log|X(k)|e^{j\frac{2\pi k}{N}n}$$

とすれば，$|X(k)|$ は偶関数であるので

$$c(n) = \frac{1}{N}\sum_{k=-\frac{N}{2}}^{\frac{N}{2}-1} \log|X(k)|\cos\left(\frac{2\pi k}{N}n\right)$$

のように余弦展開係数として表現できる．当然 $c(n)$ も偶関数である．

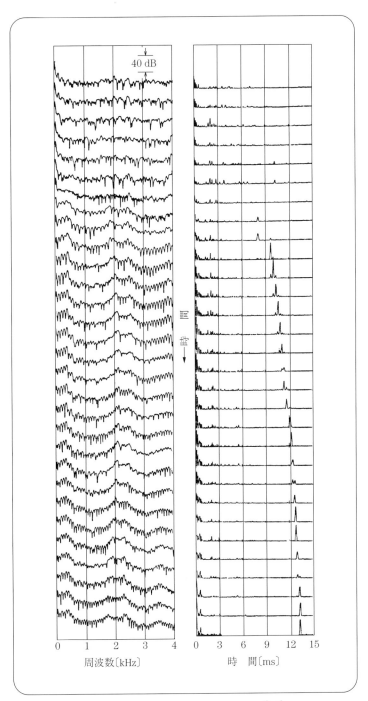

図 4.11 ケプストラムの例（男性音声）[4],[5]

52　　4. 音　声　分　析

$$\frac{d\hat{\omega}^*}{d\omega^*} = \frac{(1-a^2)}{(1-2a\cos\omega^* + a^2)} \tag{4.49}$$

となり，$0 < a < 1$ で低域を伸張し，高域を圧縮する変換となる．メルケプストラム係数 $\hat{c}(0) \sim \hat{c}(m)$ は，ケプストラム係数 $c(0) \sim c(n)$ から次のように再帰的に求めることができる．$h_i^{(-n-1)} = 0$, $c(n+1) = c(n+2) = \cdots = 0$ として

$$h_0{}^{(k)} = c(-k) + ah_0{}^{(k-1)} \tag{4.50}$$

$$h_1{}^{(k)} = (1-a^2)h_0{}^{(k-1)} + ah_1{}^{(k-1)} \tag{4.51}$$

$$h_i{}^{(k)} = h_{i-1}{}^{(k-1)} + a\bigl(h_i{}^{(k-1)} + h_{i-1}{}^{(k)}\bigr) \quad (i = 2, 3, \cdots, m) \tag{4.52}$$

を $k = -n, -n+1, \cdots, 0$ と変化させて計算し，$\hat{c}(i) = h_i{}^{(0)}$ とすれば，標本化周波数 $10\,\mathrm{kHz}$

☕ 談　話　室 ☕

メル尺度　　スティーブンス (Stevens) らが聴取実験を行って求めた心理尺度である．種々の周波数の音を提示し，半分の高さに聴こえる音の周波数を調整法で求めることで構成した (図 **4.12**)．$1\,000\,\mathrm{Hz}$ を $1\,000\,\mathrm{mel}$ と定義して構成している．周波数の単位の Hz とピッチの単位の mel を対応づけるいくつかの実験式 (例えば f [Hz] と m [mel] の関係を $m = 2\,595\log_{10}(1 + f/700)$ とするなど) が提案されている．

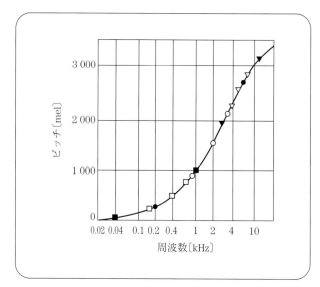

図 **4.12**　周波数とピッチの対応 (S. S. Stevens and J. Volkmann: The relation of pitch to frequency：a revised scale, The American Journal of Psychology, **53**, 3, pp.329~353 (1940). 三浦種敏 (監修)：新版 聴覚と音声, 電子情報通信学会 (1980) より)

で $a = 0.35$ のとき，ほぼ i 次のメルケプストラム係数となる．

なお，この変換は一般的なもので，ケプストラム係数に限ったものではない．Bark scale など，他の心理尺度への変換なども行われている（標本化周波数 $10\,\mathrm{kHz}$, $a = 0.47$ で Bark scale の近似となる）．

ケプストラムの操作は，スペクトル包絡に対して行うことも可能である．これを LPC ケプストラムと呼ぶ[6]†．対数スペクトルの展開係数がケプストラム係数であるので，i 次の LPC ケプストラム係数を c_i, スペクトラム包絡を $H(z)$ とすれば

$$\log[H(z)] = \sum_{i=0}^{p} c_i z^{-i} \tag{4.53}$$

となり，両辺を z^{-1} で微分すれば

$$\frac{1}{H(z)} \frac{dH(z)}{dz^{-1}} = \sum_{i=1}^{p} i c_i z^{-(i-1)} \tag{4.54}$$

となる．$H(z)$ を式 (4.17) として

$$\sum_{i=1}^{p} i\alpha_i z^{-(i-1)} = \left(\sum_{i=1}^{p} i c_i z^{-(i-1)}\right)\left(1 - \sum_{i=1}^{p} \alpha_i z^{-i}\right) \tag{4.55}$$

が得られ，各次数の z の係数を比較することにより

$$c_1 = \alpha_1 \tag{4.56}$$

$$c_n = \alpha_n + \sum_{m=1}^{n-1} \left(1 - \frac{m}{n}\right) \alpha_m C_{n-m} \quad (2 \leqq n \leqq p) \tag{4.57}$$

$$c_n = \sum_{m=1}^{n-1} \left(1 - \frac{m}{n}\right) \alpha_m C_{n-m} \quad (p < n) \tag{4.58}$$

として，LPC ケプストラム係数は線形予測係数から計算できる．c_0 は信号/スペクトルのパワーに相当し，線形予測分析のスペクトル密度を

$$f(\omega^*) = \frac{\sigma^2}{2\pi} \frac{1}{\left|1 - \sum_{i=1}^{p} \alpha_i e^{-ji\omega^*}\right|^2} \tag{4.59}$$

として $c_0 = \log(\sigma^2/2\pi)$ となる．LPC ケプストラム係数は，p 次以上も計算されるが，スペクトル包絡の観点からは除外する．

---

† 信号の短時間スペクトルから求める式 (4.46) のケプストラムを，区別のため FFT ケプストラムと呼ぶこともある．

4.9 基本周波数の抽出

　声帯振動の周波数である基本周波数の抽出は，音声研究の初期から行われ，さまざまな手法が開発されているが，あらゆる音声について高精度で抽出可能な手法は得られていない[20]．これは，3章にも述べたように，音声の特徴は時間とともに変動し，揺らぎもあるため，厳密な意味での基本周波数は，音声には存在しないからである．古くはヒューリステックな種々の波形処理を組み合わせる手法などが研究されたが，現在，よく使われるのは，波形の自己相関による手法とケプストラム分析による手法である．音声波形を専門家が目視することで，精度の高い基本周波数抽出が可能であり，しばしば，基本周波数抽出の正解データとして利用される．音声波形に対して自己相関関数を求めることにより，基本周波数の自動抽出が行えるが，音声波形には，声道伝達関数の影響が含まれるため，これを取り除くことで，より精度の高い基本周波数抽出が可能である．線形予測残差の自己相関関数のピーク位置から基本周波数を求めることが一般的に行われている．計算時間節約の観点から，自己相関の掛け算操作の代わりに差の絶対値を取る**平均振幅差関数**（average magnitude difference function）を用いることもある．ケプストラム分析による方法は，高ケフレンシーでの極値を求めるものである．伝送路などで低域が遮断された場合，音声波形に基本周波数成分が含まれていない場合がある．これに対し，基本周波数の高調波成分の公約数によって基本周波数を求めることなども行われている．

　種々の工夫がされているが，1時点の基本周波数を単独で精度良く求めるには限界がある．このため，基本周波数の時間的な連続性をもとに，精度を向上させる試みが行われている．母音定常部などは，基本周波数が高精度で抽出可能である．まず，このような部分について抽出を行い，音声パワーが小さくなり，精度の高い基本周波数抽出が困難な部分に，基本周波数の変化幅に制約を設けて処理を拡大していく．これによって，倍ピッチ，半ピッチなどの抽出誤差を低減することができる．

　基本周波数の抽出に関連して，有声/無声の判定も，合成音声の品質に影響するなど，重要な課題である．自己相関係数の大きさに基づいて行われているが，基本周波数が大きく低下する部分（中国語の第3声など）などで，有声が無声と誤判定されることも多い．

4.10 STRAIGHT分析

　観測されるスペクトルからその包絡特性を精度良く求めることは，音声分析の重要な課題であり，分析合成音の品質向上に欠かせない．フーリエ変換によって得られるスペクトラムは，時間方向には窓位置の影響で変動し，周波数方向には基本周波数による線スペクトル構造を有する．このため，スペクトラムの包絡特性を精度良く抽出することが困難となる．時間方向，周波数方向の要因を解消してスペクトラムの包絡特性を，精度良く抽出する手法として，**STRAIGHT** と呼ばれる VOCODER 技術が開発され[21),22)]，HMM 音声合成などに用いられている．時間方向の変動に対処する手法として，声帯閉鎖時点との時間関係が一定になるように窓を移動して分析するピッチ同期分析があるが，声帯閉鎖時点の正確な抽出は困難である．これに対して，STRAIGHT（Tandem-STRAIGHT）では，基本周期の半分の時間間隔で配置された二つの窓掛けを行ってスペクトルを求めている．これにより，分析位置による変動が除去される．一方，周波数方向については，線スペクトルのピークをスペクトル包絡の標本化点と捉え，標本化点からスペクトル包絡を再現する問題と捉えて定式化している．得られたスペクトル包絡を分析合成に適したパラメータで表現するために，（メル）ケプストラムあるいは LSP が一般的に利用されている．

本章のまとめ

　時変信号である音声波形の分析では，窓掛けが重要となる．本章では，まず，窓掛けについて述べたあと，自己相関などの時間領域での処理を説明した．次に，周波数領域の処理で基本となるフーリエ変換と周波数スペクトルを概説した．音声分析の主目的は，声道伝達特性に対応するスペクトルの包絡特性と，音源に対応するスペクトルの微細構造を，良好に分離することにある．この観点から，線形予測分析，ケプストラム分析など，音声合成，音声認識，音声符号化といった音声応用技術の基本となる技術について整理した．音声分析に関しては，多くの教科書があり，参考にされたい[5),16),17),23)〜25)]．

●理解度の確認●

問 4.1 狭帯域スペクトログラムと広帯域スペクトログラムを説明せよ．

問 4.2 線形予測分析によるフォルマント抽出について，その問題点を述べよ．

問 4.3 FFT ケプストラムと LPC ケプストラムを説明せよ．

5 自然言語処理

　人間のコミュニケーションに用いられる自然言語をコンピュータによって取り扱うことは，自動翻訳を初め，情報検索，要約，文書校正などさまざまな応用の基盤となる．音声処理に関しても，音声合成，音声認識と密接に結びついており，音声対話システム構築の要素技術となる．文の解釈が状況や場面の影響を受けるなど，自然言語は曖昧性を有し，それを完全に記述し得る文法の完全な体系は得られない．このため，コンピュータによる取扱いは容易ではないが，適宜の制約のもとで文法を設定し，計算機処理の対象とすることが行われてきた．自然言語処理は，形態素解析を初めとする解析技術，文章生成，知識獲得などその範囲も広く，機械翻訳など，さまざまに応用されているが，その詳細の記述は多くの教科書に譲り，本章では，処理のための文法のレベルを整理し，解析手法の基礎を概説する．また，機械翻訳についても簡単に触れる．なお，統計的言語モデル（n-gram モデル）については 7 章の音声認識で触れる．

5.1 自然言語の解析

　文が与えられたとき，まずそれがどのような単語で構成されているかを調べ（形態素解析），単語の係り受け関係や句の構成などを求める（構文解析）．構文解析は，文法によって語の結びつき付きを記述するが，曖昧性が存在し，それを解消するには，語の意味的な役割を扱う意味解析が必要である．文と文には，並列とか対比とかいった関係が存在するが，それを**文脈解析（談話解析）**によって調べる．文脈解析によって，文の文章中，あるいは聞き手と話し手の状況下での役割を明らかにし，省略，照応表現を適正に取り扱うことが可能となる．

5.2 形態素解析

　英語などのインド・ヨーロッパ語族に属する言語は**屈折語**と呼ばれ，go → goes（3人称単数），hop → hopping（進行），fly → flew（過去），give → given（過去分詞），easy → easier（比較級），index → indices（複数）など，単語の語形変化によって文法的な関係が示される．文中に出現した語句に対し，その原形を求めることを**形態素解析**（morphological analysis）と呼ぶ．膠着語（助詞や助動詞などが付加して文法的な関係が示される言語）である日本語では，"走りたくなかった"のように，活用語の語幹に助動詞が後続して複雑な述語を構成するが，これを形態素解析によって"走る＋たい＋ない＋た"のように分離して記述する．**正書法**（orthography）表記された英語では，単語と単語の間に空白が置かれるのに対し，日本語ではそのような分かち書きの習慣がない．このため，日本語では，文を単語に分解することが，形態素解析の重要な役割となる．中国語などは，語形変化のないが孤立語であるが，分かち書きの習慣がないために，単語分解が，同様に重要な課題となる．このように，言語によって形態素解析の内容は異なっており，ここでは日本語を念頭に置いて話を進める†．

　"東海上"は"東＋海上"，"東海＋上"の二つの可能性があり，それぞれで，読み方が異

---

† 分かち書きのない日本語では単語分解が重要な課題であるが，英語では同じ表記の単語が，名詞，動詞，形容詞など複数の品詞としての役割を持つため，品詞の同定が重要な課題となる．品詞の同定を品詞タグ付けとして，形態素解析とは別にして研究されることが多いが，形態素解析の項目であろう．

なる．"とうかいじょう"と平仮名表記で与えられたときは，"東海＋上"のほかに"十日＋以上"や"透過＋異常"といった可能性もあるであろう．一般に長い複合名詞や平仮名表記された文では，複数の形態素解析結果が可能であり，それを正しく行うには，意味や談話情報（文脈）との整合性も考慮する必要がある．平仮名表記された句や文の形態素解析は，仮名漢字変換の重要な課題となっている．

　形態素解析を行う上で重要な日本語の知識として，語の品詞と活用がある．これを記述した形態素の辞書を用いて形態素解析を進める．日本語では同じ語が活用によって異なる語形で入力文に現れるため，入力文と辞書項目との照合に際して，辞書に記載された活用型や活用語尾などの情報を利用する．また，日本語には，助詞は名詞に後続する語となり得るが，動詞は通常なり得ないなど，語と語の接続可能性に大きな偏りがある．品詞接続表を用意し，単語間の文法的な接続可能性を調べることで，形態素解析の精度が向上する．品詞接続表は，接続可と不可の 2 値の表として用意されるが，"私食べる"などが許される状況も考えられ，当然，接続表は対象とする文体によって異なり得る．このほか，日本語では，漢字，片仮名，平仮名といった字種の区別があり，字種の境界が形態素境界と一致することが多く，形態素解析に利用される．

　一般に，文の解釈には複数の可能性があることが多く，可能な形態素解析結果も複数存在する．このような，多義性/曖昧性を有する文に対し，効果的に一つの解析結果を導出する必要がある．前述したように，正しく行うには文脈などを考慮した処理も必要であるが，古くから，最長一致法と分割数最小法というヒューリスティックな手法が用いられた．形態素解析を文頭から進めるのに際し，前者は，最長の単語を優先して先へ進むもので，深さ優先探索となっており，高速での解析が可能である．後者は，分割数が最小になる分割を優先するもので，すべての分割を総当たりに探索しており，一般的には最長一致法よりも精度が高い．日本語の構造を考慮した文節数を最小とする文節数最小法[1]）がよく知られている．

☕ **談　話　室** ☕

　文　節　これは，国語学の大家である橋本進吉が提唱した日本語の基本的な言語単位で，文を言語として不自然にならない範囲で細かく区切ったものとして定義され，発話に際し，文節の切れ目には休止を入れることができるとされている．複合名詞をどう取り扱うかなど，曖昧な部分があるが，形態素解析や音声合成など，目的に合わせて定義して用いることが適切であろう．

単語と単語の接続の可能性を品詞接続表のような2値ではなく，接続コストとして表現し，文の単語分割に利用することが行われている．接続コスト最小法では，品詞の接続コストと単語コストを人手で設定し，コスト最小となる単語分割を動的計画法/Viterbi法（7章の音声認識参照）で求める[2]．単語コストは，単語の出現頻度を基に設定される．解析精度が高く，コストとして，種々の日本語の知識を反映させることも容易である．日本語形態素解析のフリーソフトウェアである，JUMAN[3]や茶筌[4]などに採用されている．

接続コスト最小法では，コストをどのように設定するかの問題がある．これに対して，言語コーパスを用いて学習した言語モデルを用いることが行われている[5]．言語モデルとしては，n-gram モデル（7章の音声認識参照）が用いられる．形態素解析は，与えられた文に対し，単語系列 $W: w_1 w_2 \cdots w_n$ を求めることであるが，これが，観測不能な品詞系列 $U: u_1 u_2 \cdots u_n$ からの出力と考え，音声認識で一般的な隠れマルコフモデル（HMM）で，単語系列 W の確率 $P(W)$ を式 (5.1) のように表現することも行われている．

$$P(W) = \prod_{i=1}^{n} P(u_i \mid u_{i-1}) P(w_i \mid u_i) \tag{5.1}$$

$P(W)$ を最大にする W が求める形態素解析結果である．ここで $P(u_i \mid u_{i-1})$ を接続コスト，$P(w_i \mid u_i)$ を単語コストとみれば，接続コスト最小法に対応したものとなっている．

5.3 構文解析

形態素解析された文について，**構文解析**（syntactic analysis）を行って，含まれる語句の関係を求め，全体構成を明らかにする．このためには，文を適切に記述し得る文法が必要となる．ここでは，英語について開発され，広く他言語にも適用されている**句構造文法**について説明する．句構造文法では，文は名詞句と動詞句から構成されるといった生成規則/書換え規則の集合で記述される．この観点から**生成文法**と呼ばれる．このような規則によって完全に記述される言語を，自然言語と対比させて**形式言語**と呼ぶ．自然言語を書換え規則によって解析する試みは，チョムスキー（N. Chomsky）によりスタートしたが[6]，チョムスキーは，書換え規則の自由度に従って，0型〜4型の4レベルの文法を定義した．これを**チョムスキーの階層**と呼ぶ．

書換え規則では，非終端記号と終端記号の2種が導入される．**非終端記号**は書換え途中の記号であり，書換え規則によって更に書き換えられるものである．**終端記号**は文を構成する

個々の単語に対応し，更に書き換えられることはない．一般に，α と β をそれぞれ，非終端記号と終端記号とからなる系列として，書換え規則を $\alpha \to \beta$ と表す．α と β に制限を加えないときを **0 型文法**と呼び，α の項の数が β の項の数を超えることがないという制約を加えたものを **1 型文法**と呼ぶ．更に，α を一つの非終端記号に限ったものを **2 型文法**と呼び，β を一つの終端記号あるいは一つの終端記号と一つの非終端記号に限ったものを **3 型文法**あるいは**正規文法**と呼ぶ．1 型文法と 2 型文法の大きな違いは，A を非終端記号としたとき，1 型文法では $\alpha A \gamma \to \alpha \beta \gamma$（$\alpha, \beta, \gamma$ は非終端記号と終端記号とからなる系列）が許されるのに対し，2 型文法では許されないことである．α と γ は，A あるいは β の文脈と見ることができ，この観点から，1 型文法は**文脈依存文法**，2 型文法は**文脈自由文法**と呼ばれる．

　文脈自由文法で，書換え規則を $A \to B\,C$, $A \to a$（英大文字は非終端記号，英小文字は終端記号）の二つに限定したものを**チョムスキー標準形**と呼ぶ．任意の文脈自由文法は，チョムスキー標準形で記述することが可能である．文脈自由文法は，自然言語のすべての表現を記述し得るものではないが，効率的な計算方法が確立しているため，自然言語の構文解析に一般に用いられる．

　図 **5.1** は，文脈自由文法の書換え規則の例を示したものである．これで，"He saw a girl with a doll." を構文解析すると，図 **5.2** のように 2 通りの構文木が得られる．我々は，即座に図 (a)「彼が人形を持った少女を見た」と判断するが，これは意味を捉えているからである．"He saw a girl with a telescope." の場合は，逆に図 (b) の構文を採用し「彼が望遠鏡で少女を見た」と判断するであろう．このように，文脈自由文法に基づく構文解析のみでは，曖昧性を生じることが多く，それから正しい解釈を選択することはできない．

```
S → ProN VP
VP → Verb NP          VP → VP PP
NP → Det Noun         NP → NP PP          PP → Pre NP

Verb → "see"（過去形 saw）
Noun → "girl"         Noun → "doll"       Noun → "telescope"
ProN → "he"           Det → "a"           Pre → "with"
(S：文, NP：名詞句, VP：動詞句, PP：前置詞句, Det：冠詞, ProN：代名詞,
 Pre：前置詞．図 5.2 の構文解析を念頭に置いたもので，もちろん，一
 般には多数にわたる)
```

図 **5.1**　簡単な文脈自由文法の書換え規則の例

　構文解析を行う手法は，多く開発されているが，文のノード S からスタートし，書換え規則で枝分かれを進める**トップダウン解析手法**と，各単語のノードを書換え規則でまとめあげていく**ボトムアップ解析手法**とに大別される．文脈自由文法に基づく構文解析に関しては，

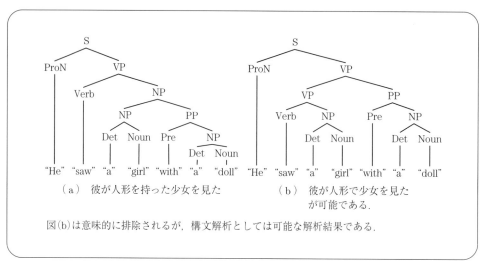

(a) 彼が人形を持った少女を見た
(b) 彼が人形で少女を見た
が可能である．

図(b)は意味的に排除されるが，構文解析としては可能な解析結果である．

図 5.2　"He saw a girl with a doll." の構文木

CYK 法（Cocke-Younger-Kasami algorithm）[†]，チャート法を初め，多くの手法が開発されているが，いずれも中間的な解析結果を保存して，効率的に解析を進めている．CYK 法は，チョムスキー標準形の文脈自由文法を前提としたボトムアップ解析手法である．チャート法は，書換え規則に対応する部分木を，解析途中で未完成なものも含めチャートと呼ばれるデータ構造で記録するもので，ボトムアップ解析とトップダウン解析の双方が実装可能，一般の文脈自由文法に対応可能，という柔軟性を有する．構文解析の詳細については他書に譲り，ここでは CYK 法により図 5.2 の構文解析結果が導かれる様子を説明する．図 5.3 のように，CYK 法では終端記号が生成される書換え規則（$A \to a$）を対角要素に配列した三角行列で，解析済の部分構文木を記述する．処理は，対角要素からスタートし，可能な書換え規則を右上に向かって記述していく．

	He	saw	a	girl	with	a	doll
He	ProN→he						S→ProN VP
saw		Verb→saw		VP→Verb NP			VP→Verb NP VP→VP PP
a			Det→a	NP→Det Noun			NP→NP PP
girl				Noun→girl			
with					Pre→with		PP→Pre NP
a						Det→a	NP→Det Noun
doll							Noun→doll

対角要素からスタートし，右上に処理が進む．"saw" 行と "doll" 列の上段と下段が，それぞれ図 5.2 (a)と(b)に対応する．

図 5.3　CYK 法による "He saw a girl with a doll." の構文解析の様子

[†] J. Cocke, D. Younger, T. Kasami により個別に開発された．

図5.2に示すように，構文解析には，多くの場合，曖昧性が生じる．これを，文脈自由文法の枠組みで解消する手法として，書換え規則に確率値を与えた確率文脈自由文法がある．確率値であるので $P(\beta\,|\,\alpha)$ を書換え規則 $\alpha \rightarrow \beta$ の条件付き確率値としたとき

$$\sum_{\beta} P(\beta\,|\,\alpha) = 1 \tag{5.2}$$

となる．一般に，確率値は，正しい構文解析結果を付与した言語コーパスを用いて

$$P(\beta\,|\,\alpha) = \frac{\alpha \rightarrow \beta \text{ の出現回数}}{\alpha \text{ の出現回数}} \tag{5.3}$$

として計算するが，簡単のために，いま，図5.1の書換え規則に，仮に**図5.4**のように確率値が与えられた場合を考えてみよう．図5.2の構文解析結果に，この確率を適用すると**図5.5**のようになり，図(a)「彼が人形を持った少女を見た」の解釈の方が，確率値が高く計算され

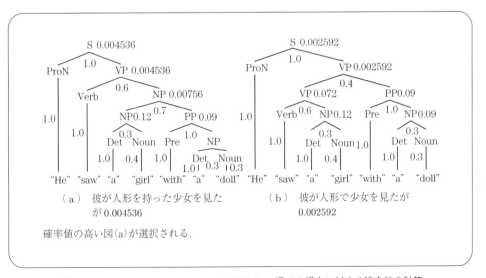

S → ProN VP (1.0)
VP → Verb NP (0.6)　　VP → VP PP (0.4)
NP → Det Noun (0.3)　　NP → NP PP (0.7)
PP → Pre NP (1.0)

Verb → "see" (過去形 saw) (1.0)
Noun → "girl" (0.4)　　Noun → "doll" (0.3)　　Noun → "telescope" (0.3)
ProN → "he" (1.0)　　Det → "a" (1.0)　　Pre → "with" (1.0)

括弧内が確率値である．

図5.4　確率文脈自由文法の例

（a）　彼が人形を持った少女を見たが 0.004536
（b）　彼が人形で少女を見たが 0.002592

確率値の高い図(a)が選択される．

図5.5　"He saw a girl with a doll." の2通りの構文に対する確率値の計算

る．ただし，"He saw a girl with a telescope."の場合を考えれば分かるように，これが意味的に正しいという保証はない．"He saw a girl with a telescope."の場合，確率値からは「彼が望遠鏡を持った少女を見た」が同様に選択されるが，既に述べたように「彼が望遠鏡で少女を見た」の方があり得る選択であろう．

句構造文法を用いて日本語の構文解析を行うことは可能であるが，日本語は，英語とは異なり，語順の制約が比較的緩いという特徴がある．例えば，「彼が望遠鏡で少女を見た」の内容を「彼が少女を望遠鏡で見た」と記述することも可能である．句構造解析では，両者は同じ内容を有するにもかかわらず異なる構文として解析され，得られる結果は，必ずしも扱いやすいものではない．このため，日本語では文節の係り受け関係を調べる係り受け解析が研究され，KNP[7]，Cabocha[8]など，一般に利用可能な形で提供されている．図5.6に示すように，語順が異なる同じ意味の文が，同じ係り受け構造として解析される．係り受け解析では，係り受け先は後続する文節である，係り受けが交差することはない，という制約のもとで解析を進めるのが一般的である．ただし，述語文節が複数ある文では，「野球を甲子園に見に行った」のように，係り受けの交差が生じることがある†．係り受け解析には，後述する格構造解析との共通点がある．

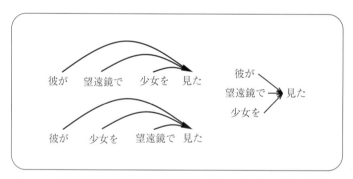

図5.6　係り受け解析では「彼が望遠鏡で少女を見た」と「彼が少女を望遠鏡で見た」は同じ結果が得られる．

5.4 意味解析

構文解析の結果，文の解釈には曖昧性が生じることが多い．これを，単語の意味あるいは

---

† 「野球を」が「見に」に，「甲子園に」が「行った」に係る．

単語間の意味的関係を調べる**意味解析**（semantic analysis）によって解消する．単語の意味を記述したものとしては，まず国語辞典が思い浮かぶが，必ずしも意味解析に利用しやすいものではない．これに対し，単語が表す意味・概念に基づき，他の単語との同義・類義，上位，下位，関連といった関係によって体系化することが行われている．体系化されたものはシソーラスと呼ばれ，木構造で体系を表現することが多い．代表的なシソーラスとしては，英語のWordNet[9]や日本語の分類語彙表[10]，日本語語彙体系[11]，EDR電子化辞書（概念辞書）[12]などがある．例えば，分類語彙表では，単語を名詞，動詞，形容詞・形容動詞・副詞・連体詞，一部の副詞・接続詞・感動詞の4類に分類した上で，それぞれに含まれる単語を，名詞→自然物→物質→元素→シリコンのように階層化して分類している．

単語間の意味的関係の解析としては，C. Fillmoreによる**格文法**（case grammar）に基づくものがよく知られている．格文法は，述語を中心として単語間の意味的関係を記述するもので，述語に対する単語の構文的な役割を**表層格**（surface case），意味的な役割を**深層格**（deep case）と呼ぶ．表層格は，（屈折語の）英語では，主語，目的語に対応する主格，目的格などであるが，（膠着語の）日本語では，助詞に着目して，ガ格，ニ格，ヲ格などのように表現する．一方，深層格は，動作を引き起こす主体を動作主格，動作の対象を対象格といったように記述する．**表 5.1**はFillmoreにより提唱された深層格の例であるが[13]，その選定基準は必ずしも明確ではなく，Fillmore自身も変更を加えており，研究者による議論の対象となっている．

表 5.1 Fillmoreの深層格

格	述語との意味関係	例文
動作主格（agent）	動作を引き起こすもの	*He* opened the door.
経験者格（experiencer）	心理現象を体験するもの	*He* felt hungry.
道具格（instrument）	動作を起こさせる道具や手段	*The key* opened the door.
対象格（object）	動作が作用する対象	*The door* opened.
源泉格（source）	起点，初期状態	He left *town*.
目標格（goal）	終点，最終状態，行為を受けるもの	He entered *town*.
場所格（location）	動作が起こる場所，位置	He put it *on the table*.
時間格（time）	動作が起こる時間	He woke *at seven*.

注）例文のイタリック体で示された部分が深層格である．

（深層）格と述語の関係を記述した**格構造**（case structure）によって，**表 5.2**のように，文の意味構造が記述される．ここで，注意すべきは，表層格と深層格は1対1対応とはならないことである．例えば，"He opened the door." と "The door opened." において，"the door" は，表層格としては目的格，主格であるが，深層格はどちらでも対象格である．述語の用法ごとに格の要素となりうる名詞（句）の意味的な制約を記述したものを**格フレーム**（case

表 5.2 格構造の例

(a) He sent her a letter.

例　文	He	sent	her	a letter
表層格	主格	(動詞)	与格	目的格
深層格	動作主格		目標格	対象格

(b) 太郎が花子に手紙を送った.

例　文	太郎が	花子に	手紙を	送った
表層格	ガ格	ニ格	ヲ格	(動詞)
深層格	動作主格	目標格	対象格	

frame）と呼び，それを用いることで，意味解析を行うことができる．例えば，「出る」に対し，「動作主体（人間・動物）が源泉格（場所）から出る [例：彼が家から出る]」，「目的格（具体物）が目標格（人間・組織）に源泉格（人間・組織）から出る [例：賞状が彼に会社から出る]」などのように用意され，これに当てはめることにより，「出る」の用法を知ることができる．図 5.2 の "He saw a girl with a doll." では，"see" の道具格として "doll" が選択されないことから，構文的な曖昧性が解消される．このような意味的制約を**選択制限**（selectional restriction）と呼ぶ．

選択制限は，語義の曖昧性解消に有用である[14]．例えば，"ball" には，「舞踏会」の意味もあるが，"He hit the ball." では，"hit" の選択制限から「ボール」の意味が選択される．こういった選択制限を人手で記述する代わりに，単語の共起関係を見ることが行われる．特に，対象単語の語義ごとにコーパスを用意し，前後 20 単語程度の文脈に出現する単語を選び出し，それらを手がかりに語義の解消が行われている[15]．

1980 年代までは，辞書やシソーラスなど，自然言語処理を行うためのリソースを人手で整備し，文法を記述することが一般的であったが，コンピュータの処理能力の向上に伴い，その後，言語知識を言語コーパスから直接獲得することが盛んに行われるようになった．ここでは，単語の共起に関する知識を，コーパスから機械学習する手法として，相互情報量によるものを紹介しておく[16]．事象 a, b の相互情報量 $I(a,b)$ は，それぞれの生起確率を $P(a)$，$P(b)$，共起確率を $P(a,b)$ としたとき

$$I(a,b) = \log_2 \frac{P(a,b)}{P(a)P(b)} \tag{5.4}$$

として定義される．ここで，$P(a)$，$P(b)$，$P(a,b)$ は，コーパス中でのそれぞれの出現回数を総単語数で除したものとして計算する．事象 a, b に正の相関，相関なし，負の相関の各場合に対し，$I(a,b)$ は，それぞれ，$I(a,b) > 0$，$I(a,b) \approx 0$，$I(a,b) < 0$ となる．日本語の表層格の観点から，単語の共起頻度を Web から収集した大規模テキストについて調べたものが，京都大学格フレームとして用意され，利用可能である[17]．

5.5 文脈解析・談話解析

　構文解析や意味解析は，1文を対象とした解析である．多くの場合，文は文章中で意味的な役割を持つものであり，その意味を正しく捉えるためには，文章中の語句のつながりや文と文の意味的な関係を解析する**文脈解析**（あるいは対話，会話の視点からは**談話解析**）が必要である．例えば，5.3節の "He saw a girl with a telescope." は，その文だけでは曖昧性を解消することは困難であるが，"It looked like the one that he had lost the other day." と続けば，文脈解析によって「少女が望遠鏡を持っていた」と解釈することが可能となる．文脈といっても，必ずしも文章の中に記述されるとは限らず，対話の際の話し手と聞き手が共有する知識や事物も文脈である．地図を前提とした対話などがこれに該当する．ここでは，指示語などの指す内容を同定する照応解析，文と文の論理的な関係を同定する修辞構造解析について簡単に紹介する．

　照応とは，ある言語表現が，文章中の他の言語表現あるいは文章外の事物を指し示すことで，指し示される言語表現を**先行詞**（antecedent），指し示す言語表現（「それ」，「彼」など）を**照応詞**（anaphor）と呼ぶ．先行詞は単語を念頭に置いた用語であるが，照応の対象は，単語とは限らず，句のように長い言語単位の場合もある．先行詞は，文章中で照応詞よりも前に現れるとは限らず，後に現れる場合もある．（例：「こんな人を見た．大きな荷物をしょって歩いていた．」）また，文章外の事物を指す場合は，**外界照応**と呼ばれ，先行詞は文章中に現れない．また，統語の制約が緩い日本語などでは，照応詞が省略されることも多い．これを**ゼロ代名詞**（zero pronoun）と呼ぶ．一方，同じ語を繰り返したり，言い換えを行う場合もあり，**定名詞**（definite noun）と呼ばれる．（例：「おじいさんとおばあさんが住んでいました．おじいさんは山に芝刈りに，おばあさんは川に洗濯に行きました．」）ゼロ代名詞を含めた照応詞が指す（文章中に存在する）先行詞を見つけるのが照応解析である．

　照応解析の大まかな流れは，照応詞の抽出，先行詞の候補の列挙，制約と選好による先行詞の決定である．「それ」などの指示詞，「彼」などの代名詞は，容易に照応詞として抽出されるが，定名詞，ゼロ代名詞については，それらを探索する．前者は，文中の名詞を候補として何らかの判定操作を行い，後者は，格フレームの辞書を用いて欠けている格要素を求める．制約としては，まず，個々の指示詞や代名詞が指す先行詞の制約がある．例えば，「その人」の先行詞は人間，「彼」の先行詞は男性，といったものである．ゼロ代名詞の場合は，抽

出の過程で格フレームを得ているが，先行詞は，その選択制限を満たす必要がある．選好は，文中で先行詞となりやすい部分のことで，文の主題，焦点，主格や対象格の格要素，照応詞までの距離が短い，などである．

　照応解析は，談話の焦点と深く関わっており，複数の文（談話）における局所的な焦点（中心）の遷移に関する**中心化理論**（centering theory）によるものなどがある[18]．中心化理論では，文中の語句に対し，次の文で中心（焦点）となる可能性の高いものから順番を付け，中心の遷移を解析する．これによって

　　「太郎が公園を散歩していました．」

　　「次郎が（太郎を）噴水の前で見つけました．」

　　「（次郎が）（太郎に）昨日の試合の結果を聞きました．」

と

　　「太郎が公園を散歩していました．」

　　「次郎を（太郎が）噴水の前で見つけました．」

　　「（太郎が）（次郎に）昨日の試合の結果を聞きました．」

では，3番目の文でのゼロ代名詞の先行詞が異なることなどが説明されている[19]．

　書き手や話し手が伝えたい内容は，多くの場合，複数の概念にわたり，多くの事象が複雑に関連している．このような内容を1文で表すのは困難であり，無理して表現しても理解しにくいものとなる．複数の文によって表現することが一般的であるが，これらの文から，読み手や聞き手が，元の内容を復元するには，文と文の関係を捉える必要がある（修辞構造解析，談話構造解析）．文と文の修辞関係は，詳細化，理由，例示，対比，並列，質問-応答などであり，これを調べる有効な手がかりとしては，「例えば」，「だから」，「ところで」といった接続詞（合図句）がある．もちろん，合図句がない場合も多く，談話の意図に着目した解析が必要である．修辞構造に関する理論が提案されるなどしている[20]．

☕ 談 話 室 ☕

SHRDLU　文や文書に書かれた内容，あるいは発話の内容を人間のように理解することは，自然言語処理の究極の目標であろう．このような自然言語理解の試みとしては，1970年頃のT. WinogradによるSHRDLUという（文による）対話システムが有名である．外界を積み木の世界に限定し，システムとユーザの自然な対話を実現している．「より大きな立方体」などの比較表現を取り扱うことにより，積み木の絞込みを行っている．物理的に不可能な動作を，システムが「できない」とするなど，研究者の注目を得るシステムとなっていた．

5.6 機械翻訳

　ある言語（原言語）の文書を，コンピュータを用いて自動的に他言語（目標言語）の文書に翻訳することを**機械翻訳**（machine translation）と呼ぶ．1950年頃からスタートし，1時的な衰退はあったものの，現在に至るまで，自然言語処理の重要な課題として，盛んに研究が行われてきた．機械翻訳の手法は，規則に基づく手法とコーパスに基づく手法とに大別され，前者としては，単語直接方式，トランスファ方式（変換方式），中間言語方式が知られており，後者としては，統計的機械翻訳と用例に基づく翻訳がある．以下，各方式について簡単に紹介する．

　単語直接方式では，まず，形態素解析により原言語の文を単語単位に分解する．次に，単語単位の対訳辞書を参照して各単語を目標言語のそれに変換し，最後に，目標言語の文法に従って単語を並べ直すことで，翻訳を完了する．構文構造や意味構造を反映していないために，翻訳精度が向上しなかった．また，単語の並び換えの規則を人手で作成するのは困難という問題もある．ただ，この考え方は，後の統計的機械翻訳の基盤となった．

　トランスファ方式では，原言語の解析を行って構文構造あるいは意味構造（格構造）を求め，目的言語のそれに変換し，解析と逆の過程の生成を行って翻訳文を生成する．原言語の構文が反映された翻訳が可能という利点があり，多くの商用システムに採用されている．構文が近い言語間での翻訳では構文構造での変換が適しているが，日本語と英語のように大きく異なる言語間では，意味構造も考慮する方がよい．図 **5.7** は，「彼が少女を見た」を "He saw a girl" と翻訳する際の構文構造，意味構造の対応であり，動詞と後置詞句/後置詞句の位置が入れ替わる変換が行われる．このような構造の変換のほかに，例えば「見る」の訳語として "see" を用いるといった，訳語の選択が行われる．方法は基本的には意味解析の選択制限である．このほか，"a girl" か "the girl" なのかといった冠詞の選択の問題があるが，これは原文のみからでは解決できない．

　中間言語方式では，特定の言語に依存しない pivot と呼ばれる中間言語によって，原言語の文をいったん（概念的に）表現し，目標言語の文を生成する．トランスファ方式のような，原言語と目標言語の組合せごとに変換規則を用意するといったことが必要ないという利点を有するが，一方，原言語の語順などの表層的な情報が失われる可能性があり，また，原言語の文の曖昧性を解消して中間言語で表現するため，意味解析や文脈解析の負担が重くなる．

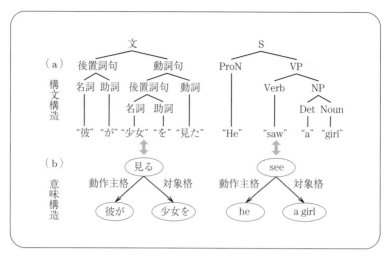

図 5.7 「彼が少女を見た」を "He saw a girl" と翻訳する際の構文構造，意味構造の対応

例えば，「少女を見た」では主語が省略されているが，中間言語では，これを必ず補う必要がある．更に，中間言語の設計の困難さもあり，一時，注目されるにとどまった．

☕ 談 話 室 ☕

文生成　機械翻訳で目標言語の文を生成する過程は，文解析の逆過程で**文生成**と呼ばれる．本書では節を立てて説明することはしないが，対話システムなど，自然言語処理の重要な課題である．対話システムでは，翻訳システムよりも，より深いレベルからの処理が求められる．話し手は，多くの場合，特定の意図を達成するために文章を構成して発話するが，これには，まず，伝達内容を決める必要がある．次に，これから文を生成するが，何も 1 文で表現する必要はなく，複数の文として表現する方が，聞き手にとっても分かりやすいことが多い．更に，照応，省略を含めた語の選択を行い，文を生成する．文脈を考慮した処理が必要であるが，その中には，聞き手の知識や周りの事物といったものも当然含まれる．例えば，文に含めようとした単語に関する知識がないと推察されれば，他の単語に置き換えたり，説明を加えるといったことを行う．これらをすべて実装することは困難であり，音声対話システムなど実際に開発されたものでは，あらかじめ用意した文テンプレートに単語を当てはめるなどの，表層的な処理にとどまることが多い．

5.6 機械翻訳

規則に基づく手法では，複雑な変換規則を人手で構築することには限界があり，ある程度以上の性能の向上が困難である．これを打開するために，コンピュータで多量のコーパスが扱えるようになるに伴い，コーパスに基づく手法が注目されるようになった．1991年に，ブラウン（P. Brown）らにより提案された**統計的（英仏）機械翻訳**（statistical machine translation）は，単語直接方式をベースとしたものであるが，統計的手法の可能性を示したものとして注目された[21]．彼らの手法では，原言語文 S から目標言語文 T への翻訳を，S が与えられたとき，確率最大となる T を求めることとして，次式のように定式化する†．

$$\hat{T} = \arg\max_T P(T\,|\,S) = \arg\max_T \frac{P(T)P(S\,|\,T)}{P(S)} \tag{5.5}$$

ここで，$P(T)$ は，目標言語に置いて文 T が生成される確率で言語モデル，$P(S|T)$ は目標言語と原言語との対応関係を示すもので**翻訳モデル**と呼ばれる．言語モデルは単語の n-gram（7章の音声認識参照），翻訳モデルは（1対1対応していない場合も考慮した）単語の置換えの確率で実装しており，翻訳モデルで単語を書き換え，言語モデルで単語を並び替えて，目標言語の文を生成するものである．翻訳モデルの改良などが行われたが，単語単位の取扱いでは限界がある．これに対して，句単位での翻訳が行われている．例えば，"a cup of coffee." の翻訳に際し，"a cup of" → "一杯の" と対応させることで，スムースな置き換えが行われる．この手法は，次に紹介する用例に基づく翻訳に近い考え方ともいえる．

用例に基づく機械翻訳（example-based machine translation）は，用意された対訳コーパスの中から，似た例を探し，それを模倣して翻訳するもので，1984年に長尾により提案され，大きなインパクトを与えた[22]．複数の用例から適切なものを選択するために，構造や意味などの適宜の基準で類似度を計算する必要がある．例えば，"He took a cup of coffee." を日本語に翻訳する場合，"take" に対しては，"飲む"，"撮る" など複数の候補があり得る．例えば，対訳コーパスから，"John took a cup of cocoa."：「ジョンは一杯のココアを飲んだ」，"Betty took a picture of tulips."：「ベティはチューリップの写真を撮った」，"We took a walk."：「我々は散歩した」の用例が得られた場合，どれも同じ構造をしているが，単語の近さを見ることで，1番目の用例が選択され，それを参考にして「彼は一杯のコーヒーを飲んだ」と訳出される．単語の近さは，例えばシソーラスをたどることで計算され，"コーヒー" と "ココア" が一つ上位の "飲み物" から分岐していれば距離最短となる．用例ベース手法の精度は，適切な用例が選択されるかにかかっており，どのような文にも適した手法ということではない．他の手法との組合せが現実的なものであろう．

書かれた文書を翻訳する機械翻訳に対し，ある言語で入力された音声を，その内容を保ったまま他言語の音声に変換することを**音声翻訳**と呼ぶ．音声認識，機械翻訳，音声合成の要

---

† 原著論文では，T と S が逆の定式化がされているが，理解しにくいので入れ替えている．

素技術が必要とされる音声言語分野での究極の技術といえよう．

　ここで，大きな問題として，二つの理由により文書を対象とした機械翻訳システムをそのまま用いることはできないことがある．一つ目は，2章でも述べたように，話し言葉である音声言語は，書き言葉である文字言語とは異なる点が多く，話し言葉を対象とした翻訳システムを開発する必要がある点である．更に，文書では句読点などの情報を利用することが可能であるが，音声ではこれらが明示されないことも挙げられる．休止といった韻律情報に反映されてはいるが，韻律の処理で正しい情報が得られるとは限らない．二つ目は，音声認識の結果得られる文字列には誤りが含まれることである．このような誤りを想定した翻訳処理が必要になる．このような観点から，noisy channel model と相性の良い統計的機械翻訳が用いられることが多い．なお，入力音声の情報としては，話者の個人性，意図，態度，感情といった，音声認識による文書化で失われるものがある．これらを出力音声に反映させる必要があるか否かは用途によっても異なると考えられるが，検討すべき課題であることは論を待たない．入力話者が目標言語で発話した場合の音声の特徴を推定して合成することなどが，精力的に研究されている．

本章のまとめ

　形態素解析から文脈解析に渡る，自然言語の解析手法を概説し，重要な応用として，機械翻訳の諸手法を紹介した．自然言語処理の分野も，音声情報処理の分野と同じく，当初は規則やヒューリスティックスに基づく手法が中心であったが，多量の言語コーパスに基づく手法が主流となりつつある．特に，インターネットで多量の言語コーパスを得，それを処理することが可能となった現在では，コーパスベース手法の優位性がますます高まっている．

　自然言語処理の利用としては，誤り検出・訂正，検索，要約といったことも多く行われている．自然言語処理は，多くの内容を含む研究分野であり，多くの教科書で詳しい解説がなされているので参考にされたい[23)~25)]．

●理解度の確認●

問 5.1　「大きな学校の門」について，適宜必要な書換え規則を用意し，可能な構文解析結果を示せ．

問 5.2　講演音声を対象とした自動翻訳が，文書を対象としたそれと異なる点を整理せよ．

6 音声合成

　機械により音声波形を生成することを音声合成と呼び，音声認識と共に，音声対話システムなど，音声を利用するシステムの基盤技術となっている．人間の音声を聴き，話す機械を作るという興味は自然なものであろうが，音声認識がスペクトル分析手法の開発を待たなければならなかったのに対し，音声合成の試みは，音響管と振動子を工作することで（初歩的ながらも）音声生成が可能なため，たいへん古くから見られる．コンピュータの登場とその進展に対応して，高精度な音声合成技術が確立してきているが，とにかく，合成音声を人間に近い自然なものに近づけようということで，音声波形をそのまま接続するといった，ある意味，極端な方式が主流となった．ただそれでは，感情なども含めいろいろな音声を合成することが困難であり，より小さな音声コーパスで，さまざまな声質や発話スタイルを実現することを目指して研究が行われている．

6.1 テキストからの音声合成

書籍や雑誌などの文字表記された文章を音声に変換することを，テキストからの**音声合成**あるいは**テキスト音声変換**（text-to-speech conversion）と呼ぶ．任意のテキストを読み上げる技術として，応用範囲が広く，視覚障害者の補綴手段としても重要である．従来，各種アナウンスには録音した自然音声が使われることが多かったが，品質の向上により，合成音声が使われるようになっている．テキストを入れ替えることにより，内容を容易に更新できるという利点がある．電子メールの読み上げにも使われるようになっている．

テキストを入力とした場合，図 6.1 のように，音声波形を生成する音響処理に先だって，テキストの文解析（言語処理）を行い，それをもとに，音韻処理によってどう読むのかを決定する必要がある．人間が，テキストを読み上げる場合，その内容を理解していないと，読み誤りをしたりすることからも明らかなように，音声合成の場合にも言語処理は重要な過程であるが，人間のように内容を理解することは困難であるため，文の表層的な解析を行い，それを基に音声を生成している．

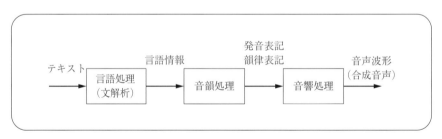

図 6.1　テキストからの音声合成

6.2 言語処理（文解析）

テキストを入力とした場合，どこを強調して読み上げるといったことを正確に行うには，各文の関連も見て処理を行う必要があるが，現状では，文ごとの処理が一般的である．日本

語の場合，句読点以外には語句の区切りが明示されていないので，まず，形態素解析（5 章参照）によってこれを行う必要がある．次に，統語解析によって，語の係り受けを調べるが，語句の品詞情報を利用して簡便に行っていることが多い．これは，正確な統語解析が困難であるのと，人間は，読みやすさや習慣によって，必ずしも統語解析結果どおりに読み上げるわけではないためである．

6.3 音韻処理

　言語処理の結果得られる語句の情報，統語情報などを基に，実際にどのように読み上げるかを決める処理である．2 章，3 章で述べたように，音声は，個々の音素の特徴に対応する分節的な情報と，アクセントやイントネーションなどに対応する韻律的な特徴に大別できる．前者は，声道の形状，後者は声帯振動と関連が深く，その特徴の違いから合成に際しては区別して取り扱うことが必要となる．また，文字表記に直接的に対応するのは分節的特徴で，韻律的特徴については，単語辞書を参照してアクセント型を決め，統語情報を参照してイントネーションを付けるといったことが必要である．

6.3.1 分節的特徴

　分節的特徴については，テキストを実際の発音に変換する．この際，音素の表記を求め，実際にどの（単）音で発声するのかを決める．テキストから音素表記を導出する操作を，grapheme-to-phoneme conversion と呼ぶ．特に，未知語があった場合，それを正確に読み上げるのは，困難な課題である．日本語では，音読み，訓読みの問題があるが，そのほか，長音化，促音化，連濁といった問題がある．単語として読みが辞書に登録されていれば問題とならないが，日本語では複合語が多く存在し，それをすべて辞書に登録するのは実用的ではない．これらの読みの変化を，誤りなく規則化することは必ずしも容易ではない．例えば，連濁は，カ，サ，タ，ハ行の語頭清音の濁音化であるが，「人形 + 使い」の "ツ" は濁音化するのに，「包丁 + 使い」では濁音化しない．また，「株式 + 会社」では，連濁しにくいとされるが，連濁して発声する人も少なくない．大きな問題の一つとして「1 本」のような，数詞と助数詞の組合せの発音がある．1 本→イッポンのような促音化，3 本→サンボンのような濁音化があるが，その様子は，助数詞によって異なる．もちろん，「1 本」などとして辞書に読みを登録すれば

よいが，数詞と助数詞の組合せはたいへん多い．

音素表記が決まっても，母音の無声化と/g/の鼻音化など，実際にどの（単）音で発音するかは確定しない場合がある．後述する統計的手法による音声合成では，問題にならないが，このような異音化は，音声合成の初期には大きな問題であった．

大きな問題として，記号，省略文字，未登録語の読み上げがある．音声合成の用途として，電子メールの読み上げがあるが，"ニコニコマーク"など，読み上げないのが適切な記号がある（これによって，楽しげに読み上げるといったことも可能であるが，まだ，それを行う音声合成は見かけない）．また，数詞の羅列を正確に読みあげるのは，そう容易ではない．「100 000 円」とあった場合，ジュウマンエンと読み上げ，「03-5841-6667」とあった場合，ゼロサンゴーハチヨンイチロクロクナナと読み上げるには，前者が金額で，後者が電話番号と知る必要がある．複合語や造語といった語句が辞書に登録されていない場合は，未登録語となるが，この場合は形態素解析によって分解し，読みを推定することが必要となる．科学用語や氏名など，登録されていないと未知の語句となることが多い．このため，どんなテキストも誤りなく読み上げることができる音声合成システムは存在せず，商用システムでは，辞書項目に追加するなどの用途に合わせた作り込みが行われる．

6.3.2　韻律的特徴

韻律的特徴は，文字には明示的に表記されておらず，言語処理結果から推定する操作が必要となる．日本語で大きな問題となるのが，語句のアクセント型の指定である．図 6.2 は東京方言の単語のアクセント型におけるピッチ変化を，模式的に表記したものである．この例は，4 モーラ†単語の場合で，一般的に東京方言では，モーラ数 +1 のアクセント型があり得る．アクセント型の知覚には，高いピッチのモーラから低いピッチのモーラへの下降が重要とされ，ピッチの下降が始まるモーラを**アクセント核**と呼ぶ．アクセント核が，先頭から何番目のモーラにあるかで "type 1" のようにアクセント型を区別する．type 4 のアクセント型は，アクセント核がない type 0 のアクセント型と区別がつかないように見えるが，"が"のような助詞が後続した場合のピッチに違いが見られる．

単語のアクセント型は，辞書を引くことによって得ることができるが，日本語では，文を読み上げたとき，単語のアクセント型がそのまま実現されることにはならないという問題がある．まず，助詞などの付属語は，それ単独ではアクセント型を有さず，自立語のアクセント

---

† 日本語の発話単位．拍ともいう．ほぼ音節に対応するが，長母音は 2 モーラに対応する．また/saN/は 1 音節であるが，2 モーラである．発話の際に，個々の単位が同じような長さで発音されることを等時性というが，日本語では，拍にそれがあるとされる．

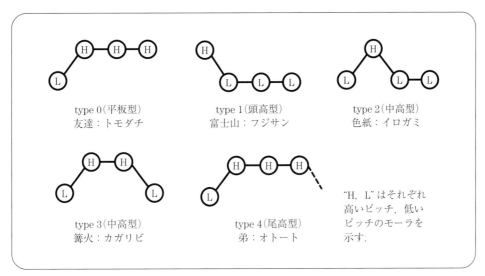

図 6.2 単語のアクセント型（東京方言）

型に影響を与える．その様子は，おもに付属語によって決まり，規則化もされているが，例外も多い．また，「音声＋合成」のように二つの単語が連続的に発声された場合（複合語），異なった一つのアクセント型として発声される．（アクセント核が"オ"から"ゴ"に移動する．）これを**アクセント結合**と呼び，どのアクセント型になるかは，おもに後続の単語の元のアクセント型によるが，例外も多い．また，「カブト＋虫」のように，一方が 1～2 モーラの単語の場合も，少し様子が異なる．数詞＋助数詞で，「2 階」では"カ"にアクセント核があるのに対し，「12 階」では"ニ"にあるなど単純ではない．更に，「神経＋過敏」のように，結合しない場合もある．「議院＋運営＋委員会」のように，3 単語以上になると，すべての単語が結合するのではなく，適宜の単語のみが結合することが一般的である．その様子は，複合語の構成単語の係り受け関係（語内構造）と関係するが，発話の習慣にも左右され，発話速度によっても変化する．音声合成に際しては，語句のアクセント型をすべて決定する必要があり，それを規則によって行う[1]，あるいは統計的に推定する試み[2]がされてはいるが，上記のように，例外が多く，誤りなく決定するのは，事実上不可能である．もちろん，未知の語句についてのアクセント型指定も問題となる．誤り無しに読み上げるためには，分節的特徴の場合と同様に，作り込みが必要である．

アクセント結合のほか，連続音声を発声した場合は，各語句のアクセントが融合，拡大，縮小/消滅などの変形を受ける．例えば「山＋の＋上」といった場合は，融合して全体が一つのアクセント型で発声されることが多いが，これは「音声＋合成」のような複合語のアクセント結合とは別に取り扱われるべきである[†]．また，文末のアクセントは縮小/消滅するこ

[†] 連続音声において，アクセントが孤立発声のそれと比べて変形する現象を広く accent sandhi と呼ぶ．

とが多く，発話の焦点が置かれた語句のアクセントは拡大する．個人差も多く，発話速度によって様子が変わる現象であるが，適切な制御が行われないと，不自然な合成音声となる．

6.4 音響処理

6.4.1 音声波形の生成手法

人間の発声を模擬しようとする試みは，古くからあり，1779 年には Kratzenstein の母音音声生成用共鳴管，1791 年には von Kempelen の機械式音声合成器が作成されるなどしている[3]．後者は革で作った声道を手で変形させることによって，連続的な音声も可能としたものであったが，本格的な音声合成の研究のスタートは，発声器官を電気的に模擬する 1939 年の H. Dudley による **Voder**（voice operation demonstrator）まで待つ必要がある．これは，音声を音源波形が声道伝達特性によって周波数加工されたものとして捉え，それを電気的に実現したものであった．伝達特性の制御など，キーボード操作によっていたが，短文などを合成した画期的なものであった．

音声を音源と声道伝達特性とに分け，それらを少数の特徴パラメータによって表現するソースフィルタモデルに基づく手法は，その後，音声合成の主流となった．特徴パラメータとして，線形予測分析の予測係数と残差といった音声分析によって直接得られるものを用いる分析合成方式と，音声生成過程のモデルを前提とし，声道伝達関数の極・零点と音源波形モデルにより音声を制御しようとするターミナルアナログ方式の研究が多く行われ，1980 年頃には実用的なテキスト音声合成システムが構築された[4]．声道形状から伝達特性を計算し，合成回路を制御する声道アナログ方式も研究され，声門の開き，舌の位置，顎の開きなどをパラメータとして制御することによって，人間の発声を直接シミュレートすることも行われたが，得られる音声の品質に一定の限界があった．

人間の発声を模擬する観点から，調音器官あるいは極・零点の動きを制御する規則を構築し，声道アナログ方式あるいはターミナルアナログ方式により，音声を生成することが研究された．**規則合成**と呼ばれるこの手法は，任意の声質・調子の音声を得られるものとして期待されるが，制御規則の構築が困難で，人間の発声した音声に近づけることは容易ではない．そこで，人間の発声を，音素，音節などの短区間で用意し接続することが一般に行われた[5]．分析合成方式が用いられ，短区間の音声を線形予測係数などの特徴パラメータで表し，それ

を接続して連続音声を合成する．当初は，音節から単語といった短い単位の音声を収集して接続する音声単位を用意することが行われたが，音声合成に用いるコンピュータの能力が向上するにつれ，多量の連続音声を収集し，それを適宜の単位で区切り接続するようになった．

　同じ音素でも調音結合などによって特徴が大きく変わるため，周囲の音素，文中での位置など，合成時との環境がなるべく同じである合成単位を，大きな音声コーパスから選択して接続することによって，品質のより高い音声が得られる．また，環境の観点から最適な単位を選んだとしても，接続がうまくいくという保証はない．接続に際して，隣り合う単位とで，パラメータ値のギャップが小さいという観点から単位を選択する必要がある．これらの要因を，適宜のコスト関数で表現し，コスト最小になるように単位を選択する（前者を**選択コスト**あるいは**ターゲットコスト**，後者を**接続コスト**と呼ぶ）．単位としては，音素，音節の他，di-phone（音素の中心から次の音素の中心まで），子音-母音-子音，母音-子音-母音，複合単位など，種々の単位が検討された．接続のしやすさ，用意する単位の数の制限といった，相反する要因を考慮してのことである．対象とする言語によっても様子は異なる．また，特徴パラメータについても，（良好な）接続が容易という観点から，PARCOR 係数，LSP 係数が用いられた．（有声）音源については，1 基本周期を 1 パルスで表現する単一パルス，複数のパルスで表現するマルチパルス，予測残差を適宜クラスタ化して表現する残差駆動があり，その順で高品質の合成音声が得られる．

6.4.2　コーパスベース音声合成と波形編集方式

　多量の音声コーパスから，コスト最小の合成単位を選択，接続して合成する手法を**コーパスベース音声合成**と呼ぶ．音声コーパスを大きくするに従い，得られる合成音声の品質はより高いものとなるが，分析合成方式では一定の限界がある．これは，主として分節的特徴に対応するスペクトル包絡特性と，韻律的特徴に対応する音源特性を個別に制御して再合成するためである．当然，両者には関係があるが，十分に明らかになっていない．また，時間領域→周波数領域→時間領域の分析合成の操作に際し，通常，位相を保存しないことも理由として考えられる．このため，音声を（周波数領域の）特徴パラメータとして表現せずに，（時間領域の）波形としてそのまま取り扱う波形編集方式が，コーパスベース音声合成で多く用いられるようになった．

　波形編集方式は，「只今から○○時□□分をお知らせします．」といった定型文の案内で，○○と□□に数字音声を埋め込むといった用途に古くから用いられていたが，周波数領域への変換なしに，波形そのままで，基本周波数を高めたり低めたりする **TD-PSOLA**（Time Domain Pitch Synchronous OverLap Add）という技術が登場し，テキスト音声合成に用

いられるようになった[6]．この方法は，まず，対象波形に，その基本周波数に従って（ピッチ）マークを付け，それを基準として，波形を基本周期の2倍程度のハニング窓で切り出し，合成条件に合わせた基本周期間隔で重ね合わせるものである．基本周期を低くする場合には，切り出された波形が余るので適宜間引きし，高くする場合には，足りなくなるので適宜繰り返して用いる．操作に際して，スペクトルにどのような変形が起きているかが気になる方法であるが，音質劣化が思ったより小さいため，よく用いられた（現在でも，聴取実験の音声資料を用意する際，基本周波数を変化させる用途によく用いられている）．

ピッチマークの設定を自動で安定的に行うことが必ずしも容易でなく，また，少ないながら操作に伴う音質劣化があることから，基本周波数の操作なしに，波形そのままを接続する **CATR** が開発され，波形選択音声合成として，高品質音声合成の標準的な手法となっている[7]．基本周波数を操作しないので，分節的特徴に加え，基本周波数の観点からの選択コスト，接続コストも重要になる．正味で数十時間といった多量の音声を用意して合成に用いることで，人間の発声と区別がつかないような高品質の音声が得られるようになっているが，用意されたテキストを，1名の人間が，一定の調子で読み上げるのはたいへんなことである．訓練されたナレーターであっても，録音中に声の調子が変化することは避けられず，それを自動で検出して削除することも行われる．また，多量の音声コーパスを保持することが困難な場合に，クラスタリングによりコーパスを圧縮したり，なるべく計算負荷をかけずに効率良く探索したりといったことも，重要な課題となる．

6.4.3　ターミナルアナログ音声合成

フォルマント音声合成とも呼ばれるターミナルアナログ音声合成は，現在ではほとんど用いられていないが，音声の生成過程に立脚した方式として重要であるので，ここで，少し説明する．一般に，実係数有理関数の伝達関数 H は，複素周波数 $s\,(=\sigma+j\omega)$ の関数として

$$H(s) = G\frac{(s-s_{01})(s-s_{02})\cdots(s-s_{0n})}{(s-s_{p1})(s-s_{p2})\cdots(s-s_{pm})} \tag{6.1}$$

と表され，分母の $s_{p1}, s_{p2}, \cdots, s_{pm}$ を**極**，$s_{01}, s_{02}, \cdots, s_{0n}$ を**零点**と呼ぶ．スペクトル包絡特性の一つの山（共振）は一対の複素共役極，一つの谷（反共振）は一対の複素共役零点に対応するので，それぞれの共振，反共振を2次のIIRフィルタなどで表現し，直列に接続することで，所定の声道伝達関数が実現される．このような直列接続型の構成は，音声生成過程を正確に表現し得るものであるが，共振，反共振の中心周波数と帯域幅を正確に制御することが困難である．個々の共振，反共振の大きさは，それらの周波数軸上での配置と帯域幅によって決まり，個別に制御することはできない．このため，所望のスペクトルに合わせると

いった操作がやりにくい．これを解決するものとして，共振を表すフィルタを，個々に音源波形で駆動し，得られる波形を足し合わせることが行われた．このような並列接続型の構成では，共振の大きさを個々に制御することが可能という特徴がある．反共振は聴覚的には重要でないので，特に用意する必要はない（直列接続型の構成では，あるべき反共振を正確に与えないと，共振にも影響を与える）．制御が容易になる反面，並列接続型の構成は，それぞれの共振，反共振に対応する伝達関数の足し算となるので，例えば，母音音声のように反共振がない場合でも，全体の伝達関数には，（偽の）零点が発生する．母音型音声を直列接続型の構成で合成し，それ以外を並列接続型の構成で合成する折衷型の音声合成器が米国のマサチューセッツ工科大学（MIT）の Klatt によって開発され，商用の合成器として市販されるなど，音声合成分野での歴史的な価値も大きい[8]．（有声）音源については，単一パルスのほか，声門体積流のモデルが用いられる．

6.4.4 韻律的特徴の合成

音韻処理では，各語句のアクセント型が与えられるが，連続音声の基本周波数パターンを生成するためには，実際に各語句のアクセントの大きさを決め，全体の抑揚を与える必要がある．分節的特徴と比べ，韻律的特徴は，単語，句，文といった，より大きな単位と深く関わっており，フレーム（時点）といった狭い範囲ではなく，より広い範囲での言語情報と対応した制御が重要となる．モーラごとに代表点を決め，基本周波数を与えることからスタートし，句単位の基本周波数パターンをクラスタ化し，選択変形するなど，種々の手法が開発された．基本周波数の動きをアクセントやイントネーションの上げ下げに対応した記号で表記する **ToBI** (tones and break indices) は，韻律コーパス作成に用いられているが[9]，これとアクセント型，構文とを対応させることにより，韻律的特徴の合成に用いることが可能である．

基本周波数パターンは，句頭から句末に向かう緩やかな変化に，各語句での比較的急峻な変化が重畳したものと捉えることが可能で，それぞれ，文の抑揚，語句のアクセントに対応する．このような見方は，構文，アクセント型との対応関係が明確になるという利点を有し，モデルがいくつか提案されている．その中で，基本周波数パターン生成過程モデルは，図 **6.3** に示すように，対数基本周波数の時間パターンを，抑揚に対応するフレーズ成分に，アクセントに対応するアクセント成分が重畳したものとし，これらの成分が，それぞれインパルス状の**フレーズ指令**，ステップ状の**アクセント指令**を入力とする臨界制動 2 次線形系の応答であるとして定式化したものである[10]．時刻 t の基本周波数 $F_0(t)$ が

6. 音声合成

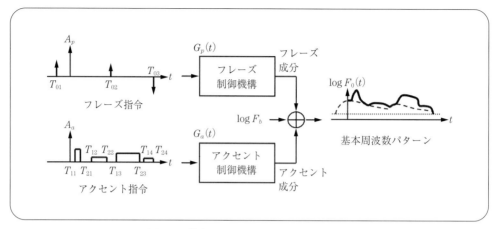

図 6.3 基本周波数パターン生成過程モデル

$$\log F_0(t) = \log F_b + \sum_{i=1}^{I} A_{pi} G_p(t - T_{0i}) + \sum_{j=1}^{J} A_{aj} \{G_a(t - T_{1j}) - G_a(t - T_{2j})\} \tag{6.2}$$

で与えられるとする．ここで，F_b は，発話者の声の高さや発話の様子によって決まる基底の周波数，A_{pi} は i 番目のフレーズ指令の大きさ，A_{aj} は j 番目のフレーズ指令の大きさで，G_p と G_a は，それぞれ，フレーズ成分を生成するインパルス応答，アクセント成分を生成するステップ応答で，次式で表される†．

$$G_p(t) = \begin{cases} \alpha^2 t \exp(-\alpha t) & (t \geq 0) \\ 0 & (t < 0) \end{cases} \tag{6.3}$$

$$G_a(t) = \begin{cases} 1 - (1 + \beta t) \exp(-\beta t) & (t \geq 0) \\ 0 & (t < 0) \end{cases} \tag{6.4}$$

図 6.4 は，東京方言の男性話者が発声した「青い葵の絵は山の上の家にある」の基本周波数パターンをモデルにより分析した結果であるが，"+" で示された音声波形から抽出した基本周波数は，生成過程のモデルにより，よく近似されている．1.2 ms あたりにあるフレーズ指令が主部と述部の統語境界に対応し，「青い」と「葵」のアクセント型の違いが，アクセント指令の違いに対応するなど，言語情報との良好かつ明確な対応が可能である．このため，言語情報と指令の対応を規則化し，それによって入力テキストに即して指令を生成し，基本周波数パターンを合成することで，韻律の観点から質の高い音声が得られる[11]．二分木などの統計的手法によりコーパスベースで指令を生成することも行われている[12]．

---
† ステップ応答に対しては，定常状態に達するまでに無限の時間がかかることを考慮し，上限値を設定した定式化がされているが，実用上は式 (6.4) で差し支えない．

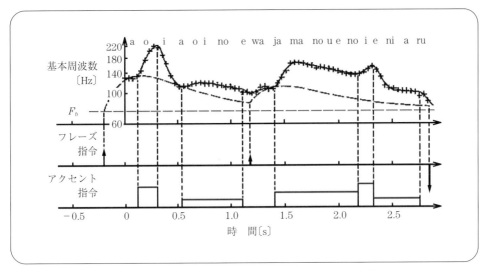

図 6.4 生成過程モデルによる基本周波数パターンの表現

韻律的特徴の制御としては，音素の持続時間や音源のパワーも重要である．音素には固有の持続時間があり，特に日本語では，通常の母音と長母音との区別など，音素の識別にも重要な役割を果たしているが，前後の音素，句の中での位置，単語の役割，あるいは発話スタイルなどの種々の要因で持続時間が変化する．音素 i の時間長の推定値 $\hat{V}_i$ は，個々の要因が独立であると仮定すれば，次式のように重回帰分析で求められる[13]．

$$\hat{V}_i = \overline{V} + \sum_j \sum_k C_{jk} \delta_i(j,k) \tag{6.5}$$

ただし，$\overline{V}$ は音素の平均的な長さ，j は要因，k は各要因のカテゴリで，C_{jk} は，j, k に該当するときに時間長に与える影響の大きさである．$\delta_i(j,k)$ は該当するとき 1，該当しないとき 0 の値を取る（休止長についても同様に行う）．音源パワーについても，同様の手法で推定することが行われたりしたが，音声波形から音源パワーを精度良く推定するのは容易ではない．同じ音源パワーでも，声道伝達関数によって波形パワーは異なる．パワー制御の善し悪しが音質に与える影響は，基本周波数や時間長よりも小さいこともあり，精密なモデルの作成の試みはあまり行われていない．

6.5 HMM音声合成

　波形編集方式で人間の発声に近い自然な合成音声が得られるようになったが，多量の音声コーパスが前提であり，また，声質や発話スタイルを変更するには，そのような音声を新たに用意し直す必要がある．このような問題を解決するには，音声を（周波数領域での）特徴パラメータで表現する分析合成技術の進展が必要である．分析合成に限らず，音声合成では合成単位の選択，接続など，音声研究者の"勘"によるところが多くあった．それに対し，音声認識で発展したHMMを応用することが行われるようになり，確率密度関数の「尤度最大」という明確な基準のもとに，特徴パラメータ時系列を生成するという統計的な枠組みで音声合成が行われるようになった[14),15)]．HMM音声合成によって，音声合成技術者は，どのような単位で合成するか，どのように単位を選択するか，どうやったら良好な接続ができるか，といった問題に頭を悩ます必要がなくなった．また，基本周波数などの韻律も同じ枠組みで取り扱うことが可能となり，音声言語学をあまり知らない学生でも，音声合成の研究がスタートできるようになった．

　HMM音声合成でも音声コーパスを用いて音素単位のHMMを学習するが，音声認識と異なり，細かく環境を分けて学習を行う．音声認識の場合は，音素を識別するのが目的であり，認識時は当然発話内容が未知のため，前後の音素程度の場合分けであったが，音声合成の場合は，環境ごとに音素がどのように異なって発話されるかをなるべく正確に再現する必要があるため，詳細な場合分けを行う．オープンソフトウェアとして用意されているHMM音声合成システムとして代表的なHTS[†]で採用されているコンテキストラベルの部分を**表 6.1**に

表 6.1　コンテキストラベルの例

先行/当該/後続音素
アクセント句内モーラ位置
アクセント型とモーラの差
先行/当該/後続品詞のラベルと活用
先行/当該/後続アクセント句の長さ，アクセント型
先行・当該アクセント句の接続強度
当該・後続アクセント句の接続強度/ポーズの有無
・・・

[†] http://hts.sp.nitech.ac.jp/（2015年2月現在）

示す．音声認識では扱わなかった基本周波数などの韻律的特徴も表現する必要がある．場合分けに用いるラベルを**コンテキストラベル**と呼ぶが，前後の音素に加え，音素が含まれる語と前後の語の品詞や活用型など，更には，アクセント句のアクセント型や長さなど，韻律に係るものが含まれ，それらの組み合わせとしての場合分けは，膨大なものになる[†1]．このため，HMM の学習に必要なサイズの音声コーパスを用意することが，実質上不可能であり，二分木といった統計的な手法により，場合分けを進め，一定の条件を満たしたところで，場合分けを終了する[†2]．

学習した音素 HMM をテキスト（とコンテキスト）に従って選択して接続し，尤度最大の特徴パラメータ（メルケプストラム係数など）の時系列を求め，音声波形を生成する．尤度最大の状態系列を求め，それに対して尤度最大の特徴パラメータ系列を求めるといった操作になり，また，（音声認識とは異なり）各状態の特徴パラメータを一つのガウス分布で表すことが行われるため，HMM から出力される特徴パラメータは，基本的に，1 状態に留まる遷移では一定，状態間遷移で大きく変化することになり，質の高い音声は得られない．このため，音声認識でも用いる時間変動成分の Δ パラメータ，Δ^2 パラメータも特徴パラメータベクトルの次元に加える．このようにしても，なお，平坦な音声になる傾向があり，特徴パラメータの変動を文単位で再現することなどが行われている[16]．

音声認識とは異なり，特徴パラメータとして，基本周波数（とその Δ パラメータ，Δ^2 パラメータ）も含める．HMM の学習に際し，フレームごとの基本周波数値を用意すればよく，従来の分析合成のような基本周波数のモデル化を必要としない．このため，学習コーパスの構築が容易である．ただ，単語，文節，句といった長い単位で韻律を直接捉えることができないといった問題もあり，音質の低下の要因となる．これを解決するために，生成過程モデルの利用が検討されている[17]．

基本周波数を HMM の特徴パラメータに含めると，無音あるいは無声部では，基本周波数が存在しないという問題に対処しなければならない．これを解決する手法として，無音部に零や大きな値を与えるなども行われたが，基本周波数の存在する有声区間と，存在しない無声・無音区間とを別空間で表現する **MSD-HMM** (multi-space probability distribution HMM) が開発され，現在の HMM 音声合成のスタンダードとなっている[18]．ただ，Δ パラメータ，Δ^2 パラメータとの関係で，有声区間と無声区間の境界での安定性の問題なども指摘され，無声部の基本周波数を補間などで（仮想的に）与える連続基本周波数 HMM も提案されている[19]．また，HMM には，1 状態にとどまる確率が順次低下するという性質があり，

[†1] 英語では二つ前あるいは二つ後の音素もラベルとするなど，言語による差異がある．コンテキストラベルの決め方には多分に経験的な面があり，いろいろ検討されている．

[†2] 場合分けを進めすぎると，モデル当りの学習コーパスの量が減り，かえって不正確なモデルとなる．**記述長最小化原理**（principle of minimum description length）などに従って，場合分けを終了する．

持続時間の表現には適さないという問題がある．これに対して，1状態に留まるフレーム数を直接学習・推定する **HSMM**（hidden semi-Markov model）が用いられる[20]．

HMM音声合成の利点として，従来の分析合成で問題となった単位接続を気にする必要がないということが挙げられる．このため，di-phone，子音–母音–子音などといった合成単位の議論も不要となった．また，分析合成の手法も，接続の容易さといった観点に特に捉われずに選択することが可能となった†．HMM音声合成では，メルケプストラム係数を用いることが多く，最近では，STRAIGHT（4章参照）などの手法を用いて高精度に抽出されたスペクトル包絡をもとに求めることで，品質の高い合成音声が得られるようになっている．もう一つの大きな利点は，例えばHMMを新しい話者の音声に適応することで，その話者の音声を容易に得ることが可能という点が挙げられる．これについては，6.6節と6.7節で述べる．

HMM音声合成の音質は良いものが得られるようになったが，分析合成を前提とするため，一定の限界がある．これに対して，HMM音声合成で生成される特徴パラメータ系列に基づいて波形選択する選択音声合成が行われている．従来の波形選択と比較して，合成環境により適した波形選択が行えるようになる．特に，経験的な面が多く要求された韻律制御に，そのガイドラインがHMM音声合成で生成されるという利点がある．

6.6 柔軟な音声合成：種々の声質・発話スタイルの合成

テキスト音声合成で得られる音声は，平坦な読み上げ調が一般的である．これは，テキスト音声合成の主目的がテキストの内容（言語情報）の伝達であり，また，音声コーパスも平坦な読み上げ調で用意しやすいという側面がある．しかしながら，ニュース番組でも，楽しいニュース，悲しいニュースではアナウンサーの発声は異なる．ニュース内容の感性的な面を判断し，それに即して音声合成するためには，平坦な読み上調では不足である．ほかにも，ゲーム用の仮想的なエージェントを構築するといったような場合には，当然，種々の声質，発話スタイルでの音声合成が必須となる．音声翻訳システムでも，表層の言語情報のみならず，原言語の音声に含まれていた強調，意図，感情，個性といった情報を，翻訳後の音声に再現することが，今後求められる．このように，種々の声質・発話スタイルでの音声合成に対するニーズには高いものがある．波形選択合成で，感情音声や自然な応答音声を生成する試み

---

† 統計的手法によらない従来の分析合成では，線形補間などの簡便な方法で単位接続が行われるため，接続による品質の劣化も問題となる．

も行われているが，音声コーパスをどのように用意するかという問題がある．韻律を中心とした音声の特徴が感情によってどのように変わるかを調べ，フォルマント音声合成が行われたこともあるが，当然品質は低い．

HMM 音声合成では，波形選択合成と比べ，格段に少ない音声コーパスで，合成が可能である．数百文程度の感情音声コーパスを用いて，感情音声の合成が行われたが，興味深いのは，感情間の内挿，外挿といったことをモデルパラメータの操作で簡単に行うことができる点である．例えば，1 文を「悲しみ」からスタートし，連続的に変化させて「喜び」で終了するといったことや，「平静」と内挿，外挿することによって，感情の程度を制御するといったことが行われている．HMM 音声合成では，MLLR や MAP 適応などの音声認識の話者適応技術を用いることで，少量の音声コーパスで，既存の音声合成システムを，新しい話者あるいは新しい発話スタイルの音声合成システムに変換することができる[†]．

6.7 声質変換

HMM の話者適応技術で種々の声質・発話スタイルの合成が可能であるが，ここでは，（言語）内容を保ったまま，ある音声をほかの音声に変換する**声質変換**と呼ばれる技術について説明する．通常，言語内容を同定することなしに，変換元の音声と変換後の音声の特徴量空間での対応を取ることで変換を実現する．線形変換を仮定すると，$\hat{\bm{y}}_t$, $\bm{x}_t$ を，それぞれ時刻 t における変換後の音声の特徴ベクトルの推定値，変換元の音声の特徴ベクトルとしたとき

$$\hat{\bm{y}}_t = W\bm{x}_t + \bm{b} \tag{6.6}$$

で表される．この変換行列 W とベクトル $\bm{b}$ を事前に学習しておくことが必要となるが，そのために，変換元の音声と変換後の音声を同じ言語内容で用意し，両者の時間アライメントを，音声認識で用いられた DP 照合法により取る（このようなコーパスを**パラレルコーパス**と呼ぶ）．問題は，この変換が特徴量空間で一定といった簡単なものではなく，複雑に変化することである．基本的には，特徴量空間を細かく区分し，区分された空間では線形関係を仮定することで対処する．特徴量空間をベクトル量子化し，コードブック間の対応を取ることやニューラルネットワークを用いることが行われたが，柔軟に対応関係を取り扱うことが困難

[†] 複数の話者の音声から平均的な特徴の HMM を求めることが行われており，**平均声モデル**と呼ばれる[21]．平均声モデルを基にして変換した方が良い性能が得られる．

である[22]†.

　これに対し，特徴量空間を多次元ガウス分布の集合（Gaussian mixture model, **GMM**）として表現し，分布間の対応を取ることが行われている[23]．GMM は当初，話者認識などで用いられた技術で，音声認識でも用いられるなど，音声分野ではよくでてくる特徴空間のモデル化である．音声認識の離散 HMM と連続 HMM の比較でも分かるように，音声コーパスが限定された（通常の）条件下では，GMM はベクトル量子化よりも，音声特徴量空間のより良い表現が可能である．変換元音声と変換後音声の個々のガウス分布の（平均値と分散の）対応を取ることで，変換を行うが，一つのガウス分布ではなく，複数のガウス分布の重み和で変換を表現する．ガウス分布間の対応関係をどのように担保するかが問題で，変換元と変換後の特徴ベクトルを結合したものに対して GMM を求めることなどが行われている[24],[25]．スペクトルの周波数軸，時間軸での平坦化が問題となり，それを解決する方策などが検討されている．

　基本周波数パターンについては，同様の枠組みで個別に取り扱われることが多い．基本周波数は 1 次元の特徴量であるため，次式のような簡便な変換となる．

$$\hat{y}_t = \frac{\sigma^{(y)}}{\sigma^{(x)}} \left(x_t - \mu^{(x)} \right) + \mu^{(y)} \tag{6.7}$$

ただし，$\hat{y}_t$, x_t は，それぞれ，時刻 t における変換後の音声の基本周波数の推定値，変換元の音声の基本周波数，$\mu^{(y)}$, $\mu^{(x)}$（$\sigma^{(y)}$, $\sigma^{(x)}$）は，それぞれ，変換後と変換元の学習コーパスの基本周波数の（標準偏差の）平均値である．ただ，この変換では，変換後の音声の基本周波数パターンは，変換元音声のそれと相似形になり，文節や句などに対応した（発話構造の）違いなどを表すことはできないという問題があり，生成過程モデルの枠組みでの変換などが提案されている[26]．声質変換と同じ枠組みで，感情付与など同一話者の発話スタイルの変換も可能であるが，韻律の変換がより大きなウェートを占める．大きな問題として，発話スタイルが変化すると多くの場合，発話構造が変化し，アクセント句（ひとかたまりのアクセントとして発音される区間）などが異なる点が挙げられる．

　音声翻訳システムで，原音声の話者の声質を，翻訳後の音声に反映するためには，目標とする音声はあらかじめ存在しない．このような場合には，変換前後の音声のパラレルコーパスを前提とせずに声質変換する必要があり，話者の特徴パラメータ空間での分布の様子を少数次元で表現した上で，参照話者と多数話者のパラレルコーパスを用いて声質の様子を表現することなどが行われている[27]．

---

† 最近，ニューラルネットワークを進化させた deep neural network を用いることが行われ，良い結果も得られている．

☕ 談 話 室 ☕

原音声と目標音声の結合ベクトルによる声質変換[25]　　時間アライメントが取れた原音声と目標音声の特徴量系列をそれぞれ，$X = (\boldsymbol{x}_1, \cdots, \boldsymbol{x}_t, \cdots, \boldsymbol{x}_T)$，$Y = (\boldsymbol{y}_1, \cdots, \boldsymbol{y}_t, \cdots, \boldsymbol{y}_T)$ とする．$\boldsymbol{x}_t$，$\boldsymbol{y}_t$ を縦ベクトルとして，時刻 t の結合ベクトルを

$$\boldsymbol{z}_t = \begin{bmatrix} \boldsymbol{x}_t \\ \boldsymbol{y}_t \end{bmatrix}$$

と表現する．ここで，結合ベクトルが

$$p(\boldsymbol{z}_t) = \sum_{m=1}^{M} w_m N(\boldsymbol{z}_t; \boldsymbol{\mu}_m^{(z)}, \Sigma_m^{(z)})$$

のように M 個のガウス分布の GMM で表現されるとすると，m 番目のガウス分布の平均ベクトルと分散共分散行列 $\boldsymbol{\mu}_m^{(z)}$，$\Sigma_m^{(z)}$ は，それぞれ

$$\boldsymbol{\mu}_m^{(z)} = \begin{bmatrix} \boldsymbol{\mu}_m^{(x)} \\ \boldsymbol{\mu}_m^{(y)} \end{bmatrix}, \quad \Sigma_m^{(z)} = \begin{bmatrix} \Sigma_m^{(xx)} & \Sigma_m^{(xy)} \\ \Sigma_m^{(yx)} & \Sigma_m^{(yy)} \end{bmatrix}$$

のように，$\boldsymbol{x}_t$，$\boldsymbol{y}_t$ に関連した要素 $\boldsymbol{\mu}_m^{(x)}$，$\boldsymbol{\mu}_m^{(y)}$，$\Sigma_m^{(xx)}$，$\Sigma_m^{(yy)}$，$\Sigma_m^{(xy)}$，$\Sigma_m^{(yx)}$ に分解して表すことができる．$\boldsymbol{z}_t$ の GMM を前提とし，$\boldsymbol{x}_t$ に対して確率最大となる $\boldsymbol{y}_t$ を予測することで，声質変換が行われる．$\boldsymbol{y}_t$ の確率密度分布は

$$p(\boldsymbol{y}_t \mid \boldsymbol{x}_t; w_m, \boldsymbol{\mu}_m^{(z)}, \Sigma_m^{(z)}) = \sum_{m=1}^{M} \gamma_{m,t} N(\boldsymbol{y}_t; \boldsymbol{\mu}_{m,t}^{(y|x)}, \Sigma_m^{(y|x)})$$

$$\gamma_{m,t} = \frac{w_m N(\boldsymbol{x}_t; \boldsymbol{\mu}_m^{(x)}, \Sigma_m^{(xx)})}{\sum_{m=1}^{M} w_m N(\boldsymbol{x}_t; \boldsymbol{\mu}_m^{(x)}, \Sigma_m^{(xx)})}$$

$$\boldsymbol{\mu}_{m,t}^{(y|x)} = \boldsymbol{\mu}_m^{(y)} + \Sigma_m^{(yx)} \Sigma_m^{(xx)-1} (\boldsymbol{x}_t - \boldsymbol{\mu}_m^{(x)})$$

$$\Sigma_m^{(y|x)} = \Sigma_m^{(yy)} - \Sigma_m^{(yx)} \Sigma_m^{(xx)-1} \Sigma_m^{(xy)}$$

から計算する．1次元の単一ガウス分布では式 (6.7) が導かれる．

6.8 概念からの音声合成

ここまで，テキスト入力を前提として，音声合成を見てきたが，講演や会話などでは，人間は，話したい内容を直接音声化して出力している．このようなプロセスを機械で実現することは，**概念からの音声合成**と呼ばれる．概念からの音声合成の提案自体は古いが，実用化に向けた本格的な研究はされていない．現在，音声対話システムあるいはロボットの音声出力は，発話内容が限られていることもあり，いったん文を生成し，テキスト音声合成によって音声化することが一般的であるが，これは問題である．概念からの音声合成では，言語処理として文解析でなく，文生成が行われる．（文生成が）その際，（文生成に誤りがなければ）詳細な統語情報や談話の焦点など，テキスト音声合成では利用されていなかった言語情報が正確に得られる．これを利用することで，（特に韻律の観点から）高品質の合成音声が得られる．

☕ 談 話 室 ☕

音声を造る　波形編集方式により人間のような合成音声を実現できるようになるとともに，より小さな音声コーパスでの高品質音声合成，種々の声質，発話スタイルの実現を目指して，HMM音声合成，GMM音声変換といった技術が大きく発展してきている．このような状況下で，韻律の取扱いの問題がクローズアップされている．2章でも述べたように，韻律は，統語構造や談話の焦点などの高次の言語情報，意図，態度，感情，個性といったパラ・非言語情報の伝達に重要な各割を果たしており，音声合成において，その適切な制御は，ますます重要な課題になると考えられる．大きな問題は，韻律は単語，句といった長時間にわたる特徴を反映し，単純なフレーム単位の記述では不適切という点である．言語，パラ・非言語情報との明確な関係を保った統計的な取扱いの枠組みの開発が期待される．

　HMM音声合成，GMM音声変換などにより，得られる合成音声のバラエティは大きく広がったが，基本的に目標とする声質，発話スタイルの音声コーパスを前提とし，統計処理を行っている．このような音声コーパスなしに声質変換を行うことも精力的に研究されているが，多人数の音声コーパスを前提としている．人間のように音声を造り出す"規則による音声合成"に再び焦点を当て，それを，現在の統計的な音声合成手法にど

う反映させるかといった視点からの検討が，（困難ではあるが）必要となろう．機械が自分の声で自然な外国語を話したり，映画監督が自由に必要な音声を造り出したりといったことができるようになるのはいつのことであろうか．

本章のまとめ

　テキストを入力とした場合，合成音声を得るまでに，言語処理，音韻処理，音響処理の各プロセスが必要になる．ここでは，このうち，音韻処理と音響処理を中心に，歴史的な経緯も考慮しつつ解説した．音声を合成するには，個々の音の再現が重要なことはもちろんであるが，アクセントやイントネーションといった韻律の処理が重要な課題となる．分節的特徴と韻律的特徴として解説した．分節的特徴と比較して，韻律的特徴は長時間にわたる特徴であり，統語情報などの高次言語情報との関連が深く，音声で一般的なフレーム単位の処理のみでは，その的確な把握が困難である．このような観点から，基本周波数パターンの生成過程モデルとその音声合成音声への利用についても触れた．

　音質の観点から，現在の商用の音声合成システムは，多く波形編集方式であるが，多量の音声コーパスを得ることが困難であった研究の当初は，人間の音声生成過程に関する知見に立脚して音声を合成することが試みられた．このような研究の代表として，フォルマント音声合成を紹介した．フォルマント音声合成は現在では用いられていないが，音声合成を考える上で重要な技術である．

　波形編集方式では良質の合成音声が得られるものの，大規模音声コーパスを前提とし，話者や発話スタイルの変更にかかるコストが高い．これを解決するものとして，音声認識で発展したHMMを利用するHMM音声合成が開発され，モデルの適応を行うことで，話者や発話スタイルの変更が可能となった．現在では音声合成の標準的な手法になっており，やや詳しく紹介した．更に，発話の声質を変える声質変換の研究も精力的に行われている．これらについても紹介した．

　HMMに引き続き，音声認識で脚光を浴びている多層ニューラルネットワークを音声合成に利用する試みも最近，多く見られるようになっているが，発展途中であり，ここでは特にふれなかった．

―――――――――――●理解度の確認●―――――――――――

問 **6.1** 音声認識と音声合成に用いられる音声コーパスの違い，HMM の違いを整理してまとめよ．

問 **6.2** テキストからの音声合成と概念からの音声合成を説明せよ．

7 音声認識

　音声認識は人間の音声を機械によって文字表記する技術である．音声には個人差があり，また同一人であっても発話する環境によって，その特徴は変化する．更に周囲の雑音を考慮する必要があり，高精度での認識は容易ではない．人間は，音声で円滑な会話を行うことができるが，多くの場合，1字1句正確に文字化しているわけではなく，音声で伝達される内容を理解している．この意味で，機械による場合も，音声認識というよりも，その内容を理解して記録する音声理解が重要となるが，本格的な知識処理が必要であり，実用化にはまだ時間を要する．現在では連続的な文発話を高精度で認識することができるようになってきているが，認識単位は音素，音節程度であり，調音結合の問題を克服する必要があった．このため，単語単位で音声を認識するところから音声認識の実用化が進んできた．

　当初，各音素には，distinctive features と呼ばれる識別に有効な音響的特徴が存在するという仮定のもと，それを見つけることによって連続音声を音素単位で認識することが試みられたが，実際には，発話による変形によって，そのような特徴がいつも存在するとは限らず，実用化に結びつかなかった．音声をフレームごとの音響的特徴量として表現し，パターン照合する手法によって実用化が進み，多量の音声・言語データを用いた統計的な枠組みの導入により，現在のような高精度の音声認識が実現された．音声認識の研究は日進月歩で進んでおり，さまざまな方式が導入されている．ここでは，音声認識の基本的な部分をまとめる．

7.1 処理の流れ

音声認識の基本的な処理の流れは図 7.1 のようになる．音声波形から，まず，認識に適した特徴量を抽出する．周波数スペクトルの包絡を表現する特徴量を用いるのが一般的で，基本周波数などの韻律的特徴は，現状では利用していない．音韻の知覚に寄与しない調波の位相関係も利用しない．特徴量抽出に先だち，微分操作による高域強調などの前処理を行う場合もある．得られた特徴量の時系列（特徴パターン）をあらかじめ蓄積した各認識カテゴリーの代表的な特徴パターンと照合することで，"それらしい" 音素や単語の候補系列を求める．隠れマルコフモデル（hidden Markov model, HMM）のような音響モデルを用いる場合は，各候補の尤度が得られる．連続音声を入力とした場合は，単語等の並びの当該言語としての整合度合いを言語モデルによって求め，照合結果と合わせて，最適な系列を求め，最終的な音声認識結果として出力する．

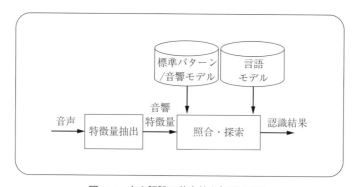

図 7.1 音声認識の基本的な処理の流れ

7.2 特徴量

音声認識では，音声波形に対し，2〜3 基本周期程度の幅の窓を掛け，これを一定間隔で移動しながら分析して，音響特徴量の時系列を得る．移動の幅は窓長の半分程度とし，連続的

な時系列が得られるようにする．窓を掛けて得られる各区間をフレーム（frame）と呼ぶ．

音声認識の特徴量としては，帯域フィルタ群出力，線形予測係数，（FFT）ケプストラム係数なども使われたが，現在では，認識性能の観点から，線形予測によって得られるスペクトル包絡（波形）を逆フーリエ変換して得られる LPC ケプストラム係数，あるいは，周波数をメル尺度としてケプストラムを計算したメルケプストラム係数がもっぱら用いられている．0 次のケプストラム係数は，パワーを表すため，（録音環境などの影響を受けやすいので）音声認識に用いられないことが多い．図 7.2 のように，（短時間スペクトルに対する）FFT ケプストラムでは，スペクトルの山と谷が同じように考慮されるのに対し，線形予測によるスペクトル包絡はスペクトルの山をより考慮した表現になっている．LPC ケプストラムは両者の中間的なものになっている[1),2)]．

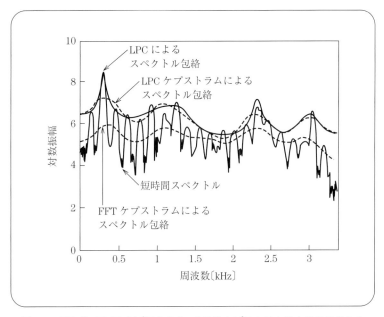

図 7.2 LPC，FFT ケプストラム，LPC ケプストラムによるスペクトル包絡の違い[1),2)]

音声の特徴としては，各フレームでの特徴量のみならず，その時間的変化も重要である．これを特徴量とするために，特徴量の時間微分として得られるデルタ特徴量がある．ある程度の時間範囲の特徴を捉えるために，前後数フレームにわたる 50 ms 程度の区間の線形回帰係数が用いられる．時刻 t におけるケプストラム係数 $c_n(t)$ の線形回帰係数 $\Delta c_n(t)$ を次式のように計算し，Δ ケプストラムと呼んで，音声認識の標準的な特徴量となっている[3)]．

$$\Delta c_n(t) = \frac{\sum_{k=-K}^{K} k c_n(t+k)}{\sum_{k=-K}^{K} k^2} \tag{7.1}$$

更に Δ ケプストラムの線形回帰を取った Δ^2 ケプストラムも使われる．0次のケプストラム係数の Δ ケプストラム，Δ^2 ケプストラムは音声認識に利用される．

☕ 談 話 室 ☕

韻律的特徴と音声認識　音声の重要な特徴量として基本周波数を初めとする韻律的特徴があるが，一般には音声認識では使われていない．安定した基本周波数の抽出が困難なことと，基本周波数と関係の深い韻律を認識に組み込む有効な方策が開発されていないためである．一つの音節が，韻律によって複数の異なった意味を有する中国語などの音調言語では，基本周波数パターンを利用した音調識別の研究が行われたが，音声認識システムに組み込むことは進んでいない．日本語でもアクセント型の識別の研究が行われたものの，音声認識システムには組み込まれていない．人間の音声知覚過程に韻律が重要な役割を果たしていることから，将来的には韻律的特徴を音声認識に利用する有効な方策の開発が求められる[4]．

7.3 LPCケプストラム距離（パターン間の距離）

音声認識では，二つの音声の類似の度合いを表す距離尺度が必要である．フレーム間での距離を全フレームで総計して，パターン間の距離が得られる．いま，線形予測分析のスペクトル密度 $f(\omega^*)$, $g(\omega^*)$ の違いを，$V(\omega^*) = \log f(\omega^*) - \log g(\omega^*)$ とすると，LPCケプストラム係数と

$$c_n^{(f)} = \frac{1}{2\pi} \int_{-\pi}^{\pi} \log f(\omega^*) e^{jn\omega^*} d\omega^* \tag{7.2}$$

$$c_n^{(g)} = \frac{1}{2\pi} \int_{-\pi}^{\pi} \log g(\omega^*) e^{jn\omega^*} d\omega^* \tag{7.3}$$

のように関連付けられるので，パーセバル（Perceval）の定理より

$$L^2 = \sum_{n=-\infty}^{\infty} \left(c_n{}^{(f)} - c_n{}^{(g)}\right)^2 = \frac{1}{(2\pi)^2} \int_{-\pi}^{\pi} V(\omega^*)^2 d\omega^* \tag{7.4}$$

となる．L^2 は，**LPC ケプストラム距離**と呼ばれる．ケプストラム係数ベクトルの距離がスペクトルの距離を表現していることが分かる．音声認識に利用する際は，適宜の次数で加算を打ち切り，前述のように 0 次の項も除外する．

7.4 動的計画法による単語照合

音声認識の実用化は，単語単位で特徴パターンを照合する単語音声認識から始まった．認識対象語彙に含まれる各単語の音声の（代表的な）特徴パターンを**標準パターン**，認識したい単語音声の特徴パターンを**入力パターン**と呼び，両者の距離計算をすべての標準パターンについて行い，距離最小の標準パターンに付与されている単語ラベルを認識結果とする．この際，問題となるのが，同じ単語の発声であっても，両者の時間構造が異なり，対応をどう取るかである．ある単語をゆっくり，あるいは早く発声した場合，時間長が変化するのは，母音などの定常的な音素であり，過渡的な破裂子音などはほとんど変化しない．このため，非線形の時間対応を求める必要がある．パターンは有限長の時系列であるため，理論的には，あらゆる時間対応でパターン間距離を計算し，そのうちの最小のものをパターン間距離とすればよいが，音声認識を実時間[†]で行うには，このプロセスを効率化する必要がある．

いま，入力パターン A を $\boldsymbol{a}_1 \boldsymbol{a}_2 \cdots \boldsymbol{a}_i \cdots \boldsymbol{a}_I$，標準パターン B を $\boldsymbol{b}_1 \boldsymbol{b}_2 \cdots \boldsymbol{b}_j \cdots \boldsymbol{b}_J$ としたとき，両者の距離 $D(A, B)$ を次式のように最小の累積距離とする．ただし，$d(i, j)$ は入力パターンの i 時点の特徴ベクトル $\boldsymbol{a}_i$ と標準パターンの j 時点の特徴ベクトル $\boldsymbol{b}_j$ の距離，$j = f(i)$ は時間対応の経路である．$|| \bullet ||$ はユークリッド距離などの適宜の距離計算を示す．

$$D(A, B) = \min_{j=f(i)} \left[\sum_{i=1}^{I} d(i, j)\right] = \min_{j=f(i)} \left[\sum_{i=1}^{I} ||\boldsymbol{a}_i - \boldsymbol{b}_j||\right] \tag{7.5}$$

音声は時系列信号であり，パターン間の極端な時間対応は非現実的で，時間対応の経路に，単調増加，連続関数，過度の伸縮不可といった制約をかけるのが適当である．ある制約のもとに，累積距離最小の時間対応を求めることは，動的計画法（dynamic programming）によっ

[†] 音声認識では，発話時間程度で認識結果を出力することが求められる．**リアルタイム**（real-time）**処理**と呼ばれ，音声認識の実用化には重要な課題である．発話終了を待たずに照合を行ったり，並列処理を行ったりしている．

て効率的に行うことができ，**DP 照合法**と呼ばれている[5),6)]．入力パターンの開始時点と標準パターンの開始時点の位置 $(1,1)$ からスタートし，入力パターンの時点 i と標準パターンの時点 j の位置 (i,j) に累積距離計算が到達したとし，その経路に図 **7.3**(a) のような制約を設けると，以下のような漸化式により $D(A,B)$ を効率的に計算することができる．$g(i,j)$ には累積距離計算の (i,j) までの結果が蓄積され，入力パターンの終了時点と標準パターンの終了時点での $g(I,J)$ が求める $D(A,B)$ となる．

$$g(1,1) = d(1,1) \tag{7.6}$$

$$g(i,j) = d(i,j) + \min[g(i-1,j), g(i-1,j-1), g(i-1,j-2)] \tag{7.7}$$

$$D(A,B) = g(I,J) \tag{7.8}$$

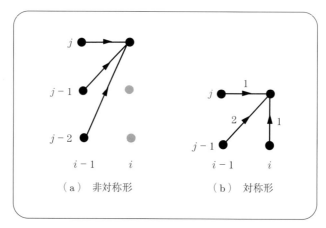

図 **7.3** DP 照合の経路

この経路制約は非対称形であるが，過度の伸縮も制約されるという特徴があり，よく用いられた．さまざまな経路制約が提案されたが，認識性能に大きな違いはない．図 (b) は，最も簡単な対称形である．この場合の漸化式は

$$g(i,j) = \min[g(i,j-1)+d(i,j),\ g(i-1,j-1)+2\,d(i,j),\ g(i-1,j)+d(i,j)] \tag{7.9}$$

のようになる．対角点 $(i-1,j-1)$ からの経路では，$d(i,j)$ に 2 倍の重みが掛けられているが，これは，対角経路はそれ以外の経路の 2 倍の速さで終点に近づくことに対応している．重みを 2 倍以下とすれば，対角経路が優先的に選択されるという制約が掛かることになる．この経路では，過度の伸縮が禁止されないので，適宜，整合窓を設け，その範囲内で経路を探索する．

上記では，照合は $(1,1)$ から開始し，(I,J) で終了しているが，実際の単語音声の照合では，標準パターンの開始/終了点と入力パターンの開始/終了点とが対応するという保証はな

い．パターンの開始/終了点が，単語音声の開始/終了点に対応しているとは限らないからである．雑音が重畳している場合はもちろん，そうでない clean な場合でも，音声の始端，終端を正確に検出するのは，そう容易ではない．これに対処するために，DP 照合の開始時点，終了時点に，ある程度の幅を許容することが行われる．これは**端点フリーDP**と呼ばれる．

標準パターンは各認識カテゴリー（単語）を代表するパターンとして用意され，多岐にわたる音声の変動の様子は表現できない．このため，DP 照合による単語音声認識は，標準パターンと入力パターンの話者が同一の特定話者音声認識で用いられることが多く，入力パターンの話者を限定しない不特定話者音声認識は，認識率は大きく劣化する．これに対し，例えば，一つの単語に対して，男性，女性で別々の標準パターンを用意するなどが行われた．これは**マルチテンプレート方式**と呼ばれる．認識率は向上するが，標準パターンの数が増加し，認識時間が増大する．

DP 照合により，効率的に照合が行えるとはいえ，実時間処理で照合可能な標準パターン数は限定される．これに対処するために，各時点での距離計算を表検索によって行ったり，簡単な照合により単語候補を絞ったりすること（多段照合）が行われたが，認識対象語彙はせいぜい数百に限られる．

電話番号のような数字列を認識する場合など，単語を区切って発声するのでは使い勝手が悪い．数単語が連続して発声された連続単語を対象としたとき，まず考えられるのは，照合に先だって，入力音声を単語単位に区切ることであるが，一般にこのような操作を誤りなく行うのは困難で，大幅な認識率の低下を招く．これに対処するために，連続単語音声を入力として，単語境界の探索と，単語照合をそれぞれ DP 照合によって行う 2 段 DP 照合などが開発された[7],[8]．

なお，DP 照合は音声認識に限らず，同じ言語内容の 2 発話の時間対応を取る際にも用いられている．

7.5 統計的決定理論

DP 照合による単語音声認識では，音響的特徴の距離が最小のものを音声認識結果としていたが，音声認識率最大の観点から，納得いくものであろうか？距離最小でない単語であっても，その出現頻度が高いことが分かっていれば，それを認識結果とする方がよいかもしれない．このような観点で，認識結果を求めることの妥当性は，統計的決定理論で説明される．

いま，r 個のカテゴリからなる認識タスクを考える．カテゴリ j に属するパターンをカテゴリ i に属すると認識したときのペナルティを $\lambda(i|j)$ と表すと，パターン x をカテゴリ i に属すると認識したときの損失 $L(i|x)$ は

$$L(i|x) = \sum_{j=1}^{r} \lambda(i|j) P(j|x) \tag{7.10}$$

で与えられる．統計的決定理論では，パターン x は，損失 $L(i|x)$ を最小とするカテゴリ i に属するとする．$P(j|x)$ を直接求めることはできないが，ベイズの定理により

$$P(j|x) = \frac{P(x|j) P(j)}{P(x)} \tag{7.11}$$

と変換することによって，推定することができる．$P(x)$ はパターン x の生起確率であるので，損失最大の決定には影響しない．そこで

$$L'(i|x) = P(x) L(i|x) = \sum_{j=1}^{r} \lambda(i|j) P(x|j) P(j) \tag{7.12}$$

を最小にするカテゴリ i が認識結果となる．ここで，ペナルティを正しく認識したとき $(j=i)$ 0 で，それ以外では 1 とすると

$$P(x) = \sum_{j=1}^{r} P(x|j) P(j) \tag{7.13}$$

であるので

$$L'(i|x) = P(x) - P(x|i) P(i) \tag{7.14}$$

となり $P(x|i)P(i)$ を最大とするカテゴリ i として認識結果が求められる†．$P(x|i)$ はカテゴリ i からパターン x が出力される確率，$P(i)$ はカテゴリ i が生起する確率であり，音声認識の場合は，前者を表現するものを**音響モデル**，後者を表現するものを**言語モデル**と呼ぶ．両者とも，多量のデータ（学習コーパス）を用いることによって近似的に構築できる．$P(x|i)$ は**音響尤度**，$P(i)$ は**言語尤度**と呼ばれる．DP 照合による単語音声認識で考えれば，音響モデルを特に構築せずに，距離で音響尤度を代用している．言語モデルは，各単語の出現頻度であり，音響的特徴の距離が最小のものを認識結果とすることは，単語出現頻度一定としていることに相当する．

連続音声認識では，多くの場合，音響モデルとしては隠れマルコフモデル，言語モデルとしては n-gram モデルが用いられている．ここで，実用上，音響モデルのカテゴリは音素，言語モデルのカテゴリは単語と異なって設定されることに注意したい．このため，$P(x|i) P(i)^{\gamma}$ のように言語モデルに言語重み γ が加えられる．

---

† $\arg\max_{i} P(x|i) P(i)$ のように記述する．

7.6 音響モデル —隠れマルコフモデル—

7.6.1 隠れマルコフモデル

標準パターンは，カテゴリを代表するものであるが，発話，話者による変動を考慮したカテゴリの広がりの様子は表現できない．これに対して，各フレームで，ある特徴ベクトルが出現する確率を，確率モデルの一種である隠れマルコフモデル（HMM）によって表現することが行われ，連続音声認識の音響モデルとして定着している[8]〜[13]．マルコフモデルは，複数の状態（state）を有し，状態遷移のたびに情報を出力するが，その様子が状態あるいは状態遷移に関連付けられている．前者は **Moore 型**（**状態出力型**），後者は **Mealy 型**（**遷移出力型**）と呼ばれる．両者は相互に変換可能なことが知られており，ここでは後者を念頭に置いて話を進める．マルコフモデルでは，状態遷移が観測可能であるが，隠れマルコフモデルでは観測不能であり，確率過程として表現される．この観点から，HMM は非決定性確率有限オートマトンである．音声をマルコフモデルで表現した場合，例えば母音に先行する無声破裂音は，破裂，摩擦，無音，気息，母音遷移と異なる特徴を有し，それぞれを状態と考えることができる．しかしながら，これを明示的にモデル化することには問題がある．音声波形のどの部分がどの特徴に対応するかを規定するのが困難である上に，すべての特徴がいつも現れるとは限らないからである．音声のどの部分がどの状態に対応するかを明示せずに，（観測不能な）状態遷移の結果として音声が出力されるとすることによって，良好に音声を表現することができる．すべての状態間の遷移が可能な一般的なモデルは **ergodic model** と呼ばれるが，時系列信号である音声では，過去の状態への遷移確率を 0 とした図 **7.4** のような **left-to-right 型**（**Bakis 型**）のモデルが用いられる．

HMM では，1 フレームを 1 状態遷移に対応させ，状態遷移に伴って，ある特徴ベクトル出力される確率を表現するが，（全く同じ特徴ベクトルは存在し得ないことからも分かるように）個々の特徴ベクトルの出力確率は零になるので，分布として表現することが必要となる．このために，ベクトル量子化により特徴ベクトルの空間を有限数のクラスタで表現することや，ガウス分布を用いて特徴ベクトルの出力確率を表現することが行われる．前者を **離散 HMM**，後者を **連続 HMM** という．一般的に高い認識性能が得られる後者が，現在の音声認識の標準となっている．

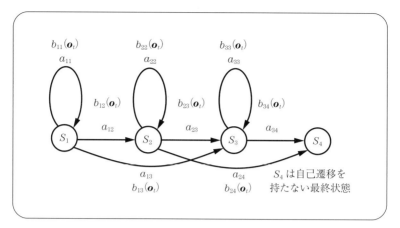

図 7.4　left-to-right 型の遷移出力型 HMM の例

　HMM は，N 個の有限な状態 $S_1, \cdots, S_i, \cdots, S_N$ を有する．状態数は経験的に定められ，対象とする音声の単位やその数に関係する．図 7.4 は，連続音声認識での音素 HMM を想定したものである．単語 HMM では状態数はより大きく設定されるが，モデルのパラメータ数も多くなり，モデルの学習を行う音声データの量によっては，有効な学習ができなくなる．単語ごとに異なる状態，構造の HMM を用意することもある．

　HMM は一般に $\lambda = (A, B, \Pi)$ のように 3 種のパラメータ集合で表現されるが，その内，$\Pi = \{\pi_i\}$ はどの状態からスタートするかを表す初期状態分布で，left-to-right 型では，必ず状態 S_1 からスタートするので $\pi_1 = 1$，それ以外は 0 である．$A = \{a_{ij}\}$ は状態遷移確率行列で，その要素 a_{ij} は状態 S_i から状態 S_j への状態遷移確率を表す．$B = \{b_{ij}(\boldsymbol{o}_t)\}$ は出力確率分布で，$b_{ij}(\boldsymbol{o}_t)$ は状態 S_i から状態 S_j への遷移で特徴ベクトル $\boldsymbol{o}_t$ が出力される確率である（Moore 型では $b_j(\boldsymbol{o}_t)$ のようになる）．離散 HMM では，特徴ベクトル空間をベクトル量子化（vector quantization, **VQ**）によって K 個にクラスタし，そのシンボルを V_k ($k = 1, 2, \cdots K$) とすれば，$B = \{b_{ij}(V_k)\}$ のようになる．連続 HMM では，状態 S_i から状態 S_j への遷移で出力される特徴ベクトルが，（特徴ベクトル次元 D の）ガウス分布をしていると仮定し，その平均ベクトルを $\boldsymbol{\mu}_{ij}$，分散共分散行列を Σ_{ij} として

$$b_{ij}(\boldsymbol{o}_t) = N(\boldsymbol{o}_t; \boldsymbol{\mu}_{ij}, \Sigma_{ij}) = \frac{1}{(2\pi)^{\frac{D}{2}} |\Sigma_{ij}|^{\frac{1}{2}}} \exp\left\{ -\frac{(\boldsymbol{o}_t - \boldsymbol{\mu}_{ij})^{T_r} \Sigma_{ij}^{-1} (\boldsymbol{o}_t - \boldsymbol{\mu}_{ij})}{2} \right\} \tag{7.15}$$

と表現される．ただし，$|\Sigma_{ij}|$ は Σ_{ij} の行列式で，T_r は転置操作である．1 個でなく M 個のガウス分布の重み付き和を用いて出力確率分布をより的確に表すことが可能となる．これを**混合ガウス分布**（Gaussian mixture model, **GMM**）と呼ぶ．状態 i の出力の m 番目の

ガウス分布の平均ベクトルを $\boldsymbol{\mu}_{ijm}$,分散共分散行列を Σ_{ijm},重みを w_m とすれば

$$b_{ij}(\boldsymbol{o}_t) = \sum_{m=1}^{M} w_m N(\boldsymbol{o}_t; \boldsymbol{\mu}_{ijm}, \Sigma_{ijm}) \tag{7.16}$$

となる.分散共分散行列で対角成分のみを考え,それ以外は 0 とすると式 (7.15) は

$$b_{ij}(\boldsymbol{o}_t) = \prod_{d=1}^{D} \frac{1}{\sqrt{2\pi}\,\sigma_{ijd}} \exp\left\{ -\frac{(o_{td} - \mu_{ijd})^2}{2\sigma_{ijd}^2} \right\} \tag{7.17}$$

のように各次元のガウス分布の積になる.o_{td},μ_{ijd} はそれぞれ $\boldsymbol{o}_t$,$\boldsymbol{\mu}_{ij}$ の第 d 次元の成分,σ_{ijd}^2 は第 d 次元の分散である.混合ガウス分布では,対角成分を考えるだけで特徴ベクトル空間を十分良く表現することが可能であることから,現在の音声認識では,対角の分散共分散行列による混合ガウス分布が一般的である(図 7.5).

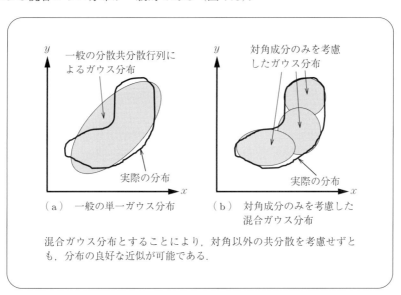

図 7.5 対角成分のみを考慮した分散共分散行列による混合ガウス分布(2 次元)の概念図

離散 HHM の出力確率値を混合ガウス分布で表すモデル化も行われ,**半連続 HMM** と呼ばれている.個々のクラスタの様子を混合ガウス分布で表すモデル化であり,**tied mixture HMM** とも呼ばれ,一般的に用いられている[14),15)].

HMM では,状態 i に滞在し続ける確率が a_{ii} の累乗で低下する.これは音声の表現としては,必ずしも相応しいものではないと考えられ,状態に滞在する時間を変数として持つ hidden semi-Markov model を,音声認識に利用することが行われている[16)].

7.6.2 前向き確率と後ろ向き確率

HMM を用いて音声認識を行うためには，与えられた特徴ベクトル系列に対するモデルの尤度の計算と最適な状態の系列の推定，あるカテゴリの音声に対するモデルのパラメータの推定が必要になる．これを（効率的に）行うために，前向き確率と後ろ向き確率の概念が導入された．

時刻 $1 \sim T$ の観測される特徴ベクトルの系列（観測系列）を $O = (\boldsymbol{o}_1\ \boldsymbol{o}_2\ \cdots\ \boldsymbol{o}_t\ \cdots\ \boldsymbol{o}_T)$，（観測不能な）状態の系列（状態系列）を $Q = (q_1\ q_2\ \cdots\ q_t\ \cdots\ q_T)$ と表す．モデル λ が与えられたとき，部分観測系列 $\boldsymbol{o}_1, \boldsymbol{o}_2, \cdots, \boldsymbol{o}_t$ を出力し，時刻 t で状態 S_i に存在する確率は

$$\alpha_i(t) = P(\boldsymbol{o}_1, \boldsymbol{o}_2, \cdots, \boldsymbol{o}_t, q_t = S_i \mid \lambda) = \sum_j \alpha_j(t-1) a_{ji} b_{ji}(\boldsymbol{o}_t) \tag{7.18}$$

と表される．これを**前向き確率**と呼ぶ．状態 S_1 からスタートするとして，時刻 0 で，$\alpha_1(0) = 1$，$\alpha_i = 0\ (i \neq 1)$ の初期条件を置けば，順次 $\alpha_i(t)$ が求められる．

これに対し，時刻 t で状態 S_i に存在し，その後，部分観測系列 $\boldsymbol{o}_{t+1}, \boldsymbol{o}_{t+2}, \cdots, \boldsymbol{o}_T$ を出力する確率は

$$\beta_i(t) = P(\boldsymbol{o}_{t+1}, \boldsymbol{o}_{t+2}, \cdots, \boldsymbol{o}_T \mid q_t = S_i, \lambda) = \sum_j a_{ij} b_{ij}(\boldsymbol{o}_{t+1}) \beta_j(t+1) \tag{7.19}$$

となる．これを**後ろ向き確率**と呼ぶ．時刻 T で状態 S_N に到達するとして，$\beta_N(T) = 1$，$\beta_i(T) = 0\ (i \neq N)$ から順次 $\beta_i(t)$ が求められる．

7.6.3 観測系列に対するモデルの尤度の評価

観測系列がモデル λ から出力される確率（音声認識の音響モデル尤度）は

$$P(O \mid \lambda) = \sum_{all\,Q} P(O \mid Q, \lambda)\, P(Q \mid \lambda) \tag{7.20}$$

のように，O を出力し得るすべての状態系列に対して，O を出力する確率を計算し，その総和を取ることで求められる．これをそのまま計算することは実質上不可能であるが，前向き確率を用いれば，状態 S_N に到達したときの値として，次式のように効率的に $P(O \mid \lambda)$ が求められる．ただし，S_N は自己遷移を持たない最終状態である．

$$P(O \mid \lambda) = \alpha_N(T) = \sum_{i=1}^{N-1} \alpha_i(T-1) a_{iN} b_{iN}(\boldsymbol{o}_T) \tag{7.21}$$

モデル尤度の計算のプロセスは，トレリス（trellis）と呼ばれる格子状の表によって効果的に図示される．いま，図 7.4 の HMM で，状態遷移行列

$$A = \begin{bmatrix} a_{11} & a_{12} & a_{13} & a_{14} \\ a_{21} & a_{22} & a_{23} & a_{24} \\ a_{31} & a_{32} & a_{33} & a_{34} \\ a_{41} & a_{42} & a_{43} & a_{44} \end{bmatrix} = \begin{bmatrix} 0.4 & 0.5 & 0.1 & - \\ - & 0.3 & 0.5 & 0.2 \\ - & - & 0.3 & 0.7 \\ - & - & - & - \end{bmatrix} \tag{7.22}$$

とし，各遷移がシンボル V_a か V_b のいずれかを

$$B = \begin{bmatrix} \begin{pmatrix} 0.7 \\ 0.3 \end{pmatrix} & \begin{pmatrix} 0.4 \\ 0.6 \end{pmatrix} & \begin{pmatrix} 0.6 \\ 0.4 \end{pmatrix} & - \\ - & \begin{pmatrix} 0.5 \\ 0.5 \end{pmatrix} & \begin{pmatrix} 0.6 \\ 0.4 \end{pmatrix} & \begin{pmatrix} 0.4 \\ 0.6 \end{pmatrix} \\ - & - & \begin{pmatrix} 0.7 \\ 0.3 \end{pmatrix} & \begin{pmatrix} 0.7 \\ 0.3 \end{pmatrix} \\ - & - & - & - \end{bmatrix} \tag{7.23}$$

の確率で出力する離散 HMM とする．上側がシンボル V_a，下側がシンボル V_b を出力する確率である．HMM が観測系列 $(V_a\ V_b\ V_a\ V_b)$ を出力する確率は，状態 S_1 から出発して状態 S_4 に到達する経路を図 **7.6** のようにトレリス上でたどることにより，0.01296 と求まる．

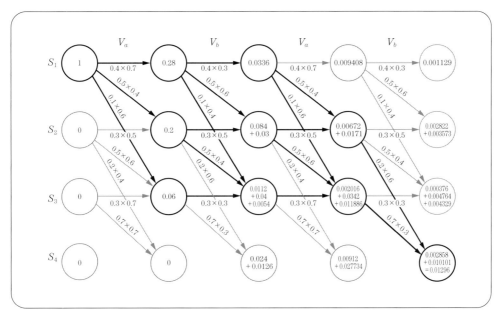

図 **7.6** トレリスによる $P(O|\lambda)$ の計算の例

7.6.4 状態系列の推定

状態の系列を直接観測することはできないが，何らかの基準で最適な状態系列を推定することは，モデルパラメータの推定とも係る重要なプロセスである．特に式 (7.18) を

$$\alpha_i'(t) = \max_j \alpha_j'(t-1) a_{ji} b_{ji}(\boldsymbol{o}_t) \tag{7.24}$$

のように，総和の代わりに最大値を取る j を選択するようにすれば，$P'(O|\lambda) = \alpha_N'(T)$ を求めたのち，各 $\alpha_i'(t)$ ごとに選択された j を時刻 T から時間をさかのぼってたどることにより，O を出力する尤度最大の系列として状態系列が推定される．この（動的計画の）プロセスを**ビタビアルゴリズム**（Viterbi algorithm），推定された系列を**ビタビ経路**（Viterbi path）と呼ぶ[17]．音声認識では，計算負荷の小さいビタビスコア $P'(O|\lambda)$ をトレリススコア $P(O|\lambda)$ の代わりに用いることが多い．なお，ビタビアルゴリズムは DP 照合法と等価になることが知られている．図 **7.7** は図 7.6 の場合について，ビタビ経路を求めたものである．ビタビ経路は $(S_1\ S_1\ S_2\ S_3\ S_4)$，ビタビスコアは 0.005292 となる．

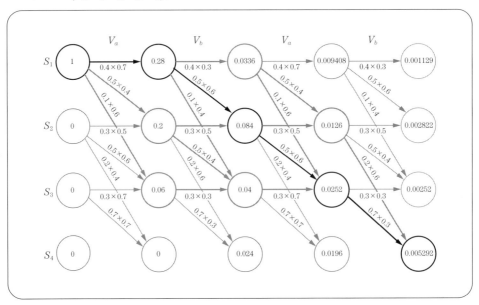

図 **7.7** ビタビアルゴリズムによる $P'(O|\lambda)$ の計算の例

7.6.5 HMM パラメータの最尤推定

あるカテゴリに属するデータの観測系列 O に対し，それを HMM が出力する確率を最大とするようにモデルのパラメータを求めることで，そのカテゴリの HMM が得られる．これを**モデルの学習**と呼ぶ．直接，モデルのパラメータを求めることはできず，反復計算により

求める．尤度の期待値（expectation）を最大化（maximization）するようにパラメータを更新する EM algorism が一般的に用いられ，**Baum-Welch 法**と呼ばれている．逐次近似であるので，局所的に最適な解が得られ，絶対的に最適な解が得られる保証はない．状態遷移確率と出力確率の積として $P(O|\lambda)$ が表されるため，異なるパラメータ値を持つ二つのモデルが，ほぼ同等になることもあり得る．この観点から，初期値の与え方は大切ではあるものの，絶対的に最適な解が得られなくても問題はない．先見的な知識がない場合は，確率を均等に配分して初期値とすることなどが行われる．

Baum-Welch 法では，前向き確率と後ろ向き確率を用いて，パラメータの再推定を繰り返す．モデル λ が観測系列 O を出力する場合の，時刻 t に状態 S_i から状態 S_j に遷移し，特徴ベクトル $\boldsymbol{o}_t$ を出力する確率の期待値は

$$\gamma(i,j,t) = \frac{\alpha_i(t-1)\,a_{ij}\,b_{ij}(\boldsymbol{o}_t)\,\beta_j(t)}{P(O|\lambda)} \tag{7.25}$$

と表され，これを用いて，状態遷移確率の更新式は，状態 i から状態 j へ遷移する回数の期待値を状態 i から遷移する回数の期待値で除したものであるので

$$\hat{a}_{ij} = \frac{\sum_{t=1}^{T}\gamma(i,j,t)}{\sum_{t=1}^{T}\sum_{j}\gamma(i,j,t)} = \frac{\sum_{t=1}^{T}\alpha_i(t-1)\,a_{ij}\,b_{ij}(\boldsymbol{o}_t)\,\beta_j(t)}{\sum_{t=1}^{T}\alpha_i(t)\,\beta_j(t)} \tag{7.26}$$

となる．同様に，離散 HMM の出力確率の更新式は

$$\hat{b}_{ij}(V_k) = \frac{\sum_{\substack{t=1\\\boldsymbol{o}_t=V_k}}^{T}\gamma(i,j,t)}{\sum_{t=1}^{T}\gamma(i,j,t)} = \frac{\sum_{\substack{t=1\\\boldsymbol{o}_t=V_k}}^{T}\alpha_i(t-1)\,a_{ij}\,b_{ij}(\boldsymbol{o}_t)\,\beta_j(t)}{\sum_{t=1}^{T}\alpha_i(t-1)\,a_{ij}\,b_{ij}(\boldsymbol{o}_t)\,\beta_j(t)} \tag{7.27}$$

となり，連続 HMM の出力確率分布（ガウス分布）の平均値と分散の更新式は

$$\hat{\boldsymbol{\mu}}_{ij} = \frac{\sum_{t=1}^{T}\gamma(i,j,t)\,\boldsymbol{o}_t}{\sum_{t=1}^{T}\gamma(i,j,t)} \tag{7.28}$$

$$\hat{\Sigma}_{ij} = \frac{\sum_{t=1}^{T}\gamma(i,j,t)(\boldsymbol{o}_t-\boldsymbol{\mu}_{ij})(\boldsymbol{o}_t-\boldsymbol{\mu}_{ij})^{T_r}}{\sum_{t=1}^{T}\gamma(i,j,t)} \tag{7.29}$$

となる．以上の更新式は，学習データが一つの場合の式であるが，一般には多数存在する．それをすべて考慮して更新する操作を繰り返すことになる．例えば，P 個の学習データ $O^{(1)}, \cdots, O^{(p)}, \cdots, O^{(P)}$ がある場合，μ_{ij} の更新式は

$$\hat{\boldsymbol{\mu}}_{ij} = \frac{\sum_{p=1}^{P}\left[\sum_{t} \gamma^{(p)}(i,j,t)\, \boldsymbol{o}_t^{(p)}\right]}{\sum_{p=1}^{P}\left[\sum_{t} \gamma^{(p)}(i,j,t)\right]} \tag{7.30}$$

となる．

連続音声認識では，音素などを単位とした HMM が用いられる．学習データとして与えられた連続音声を音素単位に正確に区切ることは困難であり，そもそも，HMM の学習に最適に区切られるという保証もない．学習データの音素境界を明示的に与えずに音素 HMM の学習を進める手法として**連結学習**（embedded training）が一般的に用いられている．これは，隣り合う音素 HMM の始めと終わりの状態を共通として連結して学習するもので，文中の異なる位置に現れる同じ音素については一つの HMM として学習する．これを **mono-phone model** と呼ぶが，前後の音素の影響（調音結合）により特徴が大きく変動するため，良いモデルとはいえない．これに対して，前後の音素別に音素 HMM を構築することが行われている．これを **tri-phone model** と呼ぶ．tri-phone model はモデルの数が大幅に増加するので，一般的に学習に必要なデータが十分に得られない．これを解決するために，次に述べる出力確率分布の共通化が必須となる．

7.6.6　出力確率分布の共通化

HMM のパラメータの推定を精度良く行うためには，多量の学習データが必要である．パラメータ数を増やすと，推定精度が低下することになる．これに対処するために，複数の状態遷移の出力確率分布を同一とすることが行われる[15]．共通の出力確率分布を有する遷移を **tied arc** と呼ぶ．tied arc は複数の HMM にまたがって設定することも多い．Moore 型の HMM は，Mealy 型の HMM で出力確率分布を共有したものとみることもできる．状態を共有することも可能で，特に中心音素が同じ tri-phone model 間では一般的に行われている．

7.7 言語モデル

連続音声を認識する場合，当該言語として妥当な単語系列を選択するプロセスが重要である．限られたタスクの対話音声システムなど，対象語彙が 100 単語程度以下であれば，発声されると想定される文を単語のネットワークで記述し，ビーム探索などを行うことで認識が可能であるが，語彙数が数千を超える一般的な用途の連続音声認識では，単語系列の出現確率を統計的に求めることを行う．

いま，R 個の単語系列からなる文 $W = \{w_1, \cdots, w_r, \cdots, w_R\}$ があったとき，その生成確率は

$$P(W) = \prod_{r=1}^{R} P(w_r \mid w_1, w_2, \cdots, w_{r-1}) \tag{7.31}$$

と表される．ただし，w_r は r 番目の単語を表す．$P(w_r \mid w_1, w_2, \cdots, w_{r-1})$ の推定値は，学習コーパス（学習用テキストデータベース）における，単語列 $w_1, w_2, \cdots, w_{r-1}$ の出現回数 $F(w_1, w_2, \cdots, w_{r-1})$ と単語列 $w_1, w_2, \cdots, w_{r-1}, w_r$ の出現回数 $F(w_1, w_2, \cdots, w_{r-1}, w_r)$ の比として

$$\hat{P}(w_r \mid w_1, w_2, \cdots, w_{r-1}) = \frac{F(w_1, w_2, \cdots, w_{r-1}, w_r)}{F(w_1, w_2, \cdots, w_{r-1})} \tag{7.32}$$

として得られるが，r がある程度の大きさになると，（有限の）学習コーパス中には単語列が出現せず，$\hat{P}(w_r \mid w_1, w_2, \cdots, w_{r-1})$ が計算できない．このため，単語 w_r を直前の $n-1$ 個のマルコフ過程と仮定し

$$\hat{P}(w_r \mid w_{r-n+1}, w_{r-n+2}, \cdots, w_{r-1}) = \frac{F(w_{r-n+1}, w_{r-n+2}, \cdots, w_{r-1}, w_r)}{F(w_{r-n+1}, w_{r-n+2}, \cdots, w_{r-1})} \tag{7.33}$$

とすることが行われる．これを **n-gram** モデルと呼び，連続音声認識の言語モデルとして一般的になっている．

文 W の生成確率は

$$P_n(W) = \prod_{i=1}^{R} P(w_r \mid w_{r-n+1}, w_{r-n+2}, \cdots, w_{r-1}) \tag{7.34}$$

となる．$n=1$ を **unigram** モデル，$n=2$ を **bigram** モデル，$n=3$ を **trigram** モデルと

呼ぶ．trigram モデルを用いる音声認識システムが多いが，語彙数が大きくなると，新聞記事数年分といった規模の大きなコーパスでも精度の高い推定が困難になる．これに対処するため

$$\hat{P}(w_r \mid w_{r-2}w_{r-1}) = p_1 \frac{F(w_{r-2}, w_{r-1}, w_r)}{F(w_{r-2}, w_{r-1})} + p_2 \frac{F(w_{r-1}, w_r)}{F(w_{r-1})} + p_3 \frac{F(w_r)}{\sum F(w_r)} \tag{7.35}$$

のように，trigram, bigram, unigram を平滑化して trigram モデルとすることなどが一般的に行われている[18]．ただし，$p_1 + p_2 + p_3 = 1$ で，$\sum F(W_r)$ は学習コーパスの単語総数である．このほか，品詞や類義語といった観点から単語を適宜グループ化することも行われる．

言語尤度が 0 の単語は，（音響尤度が高くても）認識結果には含まれることはない．これは，学習コーパスに出現しない n-gram は，認識結果にも有り得ないとすることになり，実態にそぐわない．このため，**back-off smoothing** と呼ぶ操作が施される[19]．これは，値が 0（あるいはそれに近い）n-gram については，$(n-1)$-gram に値に応じて確率値を配分する一方，配分した確率値を値の大きな n-gram から減ずることで，確率値の総和が 1 になるといった条件を保持するものである．

語彙数が大きく，多岐にわたる文の音声を認識するのは困難であろう．また，後続する単語の予測を大きく絞り込みできる言語モデルが "良い" モデルと考えられる．これを表す指標として**パープレキシティー**（perplexity）が，以下のように定義されている[20]．いま，単語系列 $w_1, w_2, \cdots, w_r$ の出現確率を $P(w_1, w_2, \cdots, w_r)$ とすると，このような単語系列から構成される認識タスクのエントロピーは

$$H = - \sum_{(w_1, w_2, \cdots, w_r)} P(w_1, w_2, \cdots, w_r) \log_2 P(w_1, w_2, \cdots, w_r) \tag{7.36}$$

となり，1 単語当りのエントロピーは

$$H = - \sum_{(w_1, w_2, \cdots, w_r)} \frac{1}{r} P(w_1, w_2, \cdots, w_r) \log_2 P(w_1, w_2, \cdots, w_r) \tag{7.37}$$

となる．これは，2 択で後続単語を同定する際に，平均 H 回の操作が必要なことを示しており，各単語の出現確率が同じとした場合，2^H の単語候補があることを意味しており，この値が大きければ，困難な認識タスク，また，同じタスクに対してこの値が小さな言語モデルは良いモデルということができる．これがパープレキシティーである．学習コーパスに対して計算することになるが，実際の認識に即したものとして，評価文 $\{w_1, \cdots, w_r, \cdots, w_R\}$ に対して，テストセット・パープレキシティー

$$2^H = 2^{-\frac{1}{R} \log_2 P(w_1, \cdots, w_r, \cdots, w_R)}$$

が一般的に用いられている．これは評価文が一つのときであり，複数の評価文に対しは，平均値を求める．

　連続音声認識では，一般に認識用辞書に記載されていない未知語が存在する．n-gram 言語モデルでは，これを "未知語" という 1 単語として扱う．未知語が多いとパープレキシティーは小さく計算され，実態にそぐわなくなるので補正が行われている．

　n-gram モデルは，効果的な言語モデルであるが，局所的な文脈のみを考慮しているという問題点が指摘されている．例えば，bi-gram では "neither A nor B" の "neither" と "nor" の関係は表現できない．ある語句が出現すると出現しやすくなる語句を考慮する trigger model[21] などが開発されているが，問題点の十分な解決にはほど遠い．

7.8 探索

　大語彙連続音声認識では，膨大な単語系列の中から音響尤度と言語尤度を利用して最適なものを探索するが，これを効率よく行う探索アルゴリズムが求められる．まず，探索の方向は，入力音声中で認識結果が確からしい部分や重要な部分から，前後に探索する island-driven 探索もあるが，入力音声の時間軸方向に順次処理を進める left-to-right 探索が一般的である．探索の様子は，単語やフレームで深さを表現した（探索）木で説明される．depth-first 探索は，木を深くなる方向に次々と展開し，展開できなくなったらバックトラックして再度深くなる方向に展開する．全探索に近くなり，音声認識には適しない．これに対し，breadth-first 探索は，同じ深さのノードを評価してから次の深さに進む．深さが進むに従い，ノードの数が急激に増大するという問題がある．このような観点から，音声認識では，最も尤度のスコアが高いノードを展開していく best-first 探索，あるいはスコアに従って一定の数の上位ノードを選択して探索を進める beam 探索が用いられる．best-first 探索で，まだ探索が行われていない部分のスコアを予測し，探索時点までのスコアに加算し，それに従って探索を進めるものを A^* 探索と呼び，良好な結果が得られている[22]．

> ### ☕ 談 話 室 ☕
>
> **連続音声認識システムの性能評価指標** 単語正解率 (word correct) と単語正解精度 (word accuracy) がよく用いられる．正解単語数，脱落誤り単語数，置換誤り単語数，挿入誤り単語数をそれぞれ C, D, S, I として
>
> $$単語正解率 = \frac{C}{C+D+S}$$
> $$単語正解精度 = \frac{C-I}{C+D+S}$$
>
> である．$C+D+S$ は入力音声の総単語数である．

7.9 頑健な音声認識

音響モデルや言語モデルの学習に用いるデータと認識対象音声の間には，さまざまな異なりがあり，それが音声認識誤りの主要な原因となっている．音声の変動要因としては，下記のものが考えられる．

話者間 年齢，男女，声質，声の高さ，方言など

話者内 発話スタイル（態度，感情，速度，発話環境など），発話モード・内容（読み上げ，対話，会話，トピックなど）

収録環境 雑音（背景雑音，反響・残響など），ひずみ（マイクロフォン特性，伝送路特性など）

音響的特徴の変動に加え，トピックなどによる言語的特徴の変動も考慮し，変動による認識性能の低下が少ない"頑健な音声認識"手法を開発することが重要な課題となっている．

これらの変動による認識率の低下を抑える手法は，音声入力，特徴パラメータ抽出，モデル構築，尤度計算，結果探索といった音声認識プロセスの各段階で多くが開発されている．音声入力レベルでの手法としては，複数マイクロフォン/マイクロフォンアレーと音源分離が，自動車内での音声認識として，利用されている．

雑音音声から雑音を低減した音声を得る技術は一般に**音声強調** (speech enhancement) と呼ばれ，spectral subtraction, Wiener filtering を初めとした多くの手法が開発されている．

Spectral subtraction（スペクトル減算）は，雑音のパワースペクトル（あるいは振幅スペクトル）を推定して，雑音音声のそれから減じる方法である[23]．雑音低減信号を再生する場合は位相が必要で，雑音音声の元の位相を利用するが，もちろん，音声認識では不要である．簡便であるが効果が大きい手法で，よく用いられる．背景雑音は加算性の雑音であるが，伝送路特性のひずみは乗算性の雑音である．話者による変動も，声道伝達特性の違いとして乗算性の雑音とみることができる．このような乗算性の雑音に対しては，ケプストラム係数の長時間平均を各時点のケプストラム係数から減算する cepstral mean normalization が有効である[24],[25]†1．平均のみならず分散も正規化することも行われている．どの区間の平均と分散を利用するかでいくつかの手法がある．

雑音のないクリーン音声の特徴量と雑音が加わった雑音音声の特徴量の対応関係を，音響空間をいくつかの領域に分けて求め，その線形結合として，雑音音声の特徴量からクリーン音声の特徴量を推定し，音声認識に用いることが行われている[26]〜[28]．いま，b が与えられたときの a の期待値を $E[a\,|\,b]$ と記述すると，時点 t における雑音音声の特徴量ベクトルを $\bm{y}_t$，クリーン音声の特徴量ベクトルを $\bm{x}_t$ として，$\bm{x}_t$ の推定値 $\hat{\bm{x}}_t$ は

$$\hat{\bm{x}}_t = \sum_{m=1}^{M} p(m\,|\,\bm{y}_t)\, E[\bm{x}_t\,|\,\bm{y}_t, m] \tag{7.38}$$

として求められる．M は領域数である．線形回帰で期待値を求める **SPLICE**（stereo-piecewise linear compensation for environments）では[26]，$\bm{x}_t$, $\bm{y}_t$ を縦ベクトルとして

$$\hat{\bm{x}}_t = \sum_{m=1}^{M} p(m\,|\,\bm{y}_t)(W_m \bm{y}_t + \bm{b}_m) = \sum_{m=1}^{M} p(m\,|\,\bm{y}_t) A_m \begin{bmatrix} 1 \\ \bm{y}_t \end{bmatrix} \tag{7.39}$$

で $\bm{x}_t$ の推定値が与えられる．変換行列 W_m とベクトル $\bm{b}_m$（あるいは一体化した変換行列 A_m）は，クリーン音声と雑音音声で対応が取れた特徴量の組から，誤差最小となるように求める．SPLICE では GMM による特徴量空間の表現を前提とし，領域分割と $p(m\,|\,\bm{y}_t)$ を雑音音声から求める†2．特徴量の対応関係に基づく手法は，雑音除去だけでなく，話者適応などへの応用も可能で，音声合成の声質変換にも利用される．線形回帰を連続 HMM の特徴量分布に適応した **MLLR**（maximum likelihood linear transformation）は，HMM の話者適応手法として広く用いられている．分布の平均のみを適応する手法に加え[29]，分散も適応する手法も開発されている[30],[31]．

---

†1 ケプストラムでの減算はスペクトルでは割算．
†2 雑音音声から求めることの問題点も指摘されている[28]．

> **変換行列の特徴**　　変換行列 W_m を対角行列とすると，特徴量ベクトルの対応する次元のみでの変換となる．ケプストラム係数の空間では，話者の違いで回転が生じるので，対角行列では制約が強すぎると考えられる．一方，特徴量ベクトルに，Δ ケプストラム，Δ^2 ケプストラムが含まれる場合，ケプストラム，Δ ケプストラム，Δ^2 ケプストラムにまたがる変換を考慮しないことは，十分妥当な考え方である．この場合は，(3) ブロック対角行列となる．

　事前に認識対象話者の発声についての何らかの情報が得られれば，多数話者の発声を用いて学習した不特定話者 HMM を用いて認識を行うよりも，それを話者に適応させた HMM を用いて認識を行う方がより良い認識結果が得られる．このモデル適応は MLLR などによって行うことが可能であるが，ベイズの枠組みで事後確率最大 (maximum a posteriori probability, MAP) 基準で，認識対象話者のモデルパラメータを推定することが行われる[31]．これを **MAP 推定**と呼ぶ．Baum-Welch 法による最尤モデルパラメータ推定では，観測系列 O が出力される確率を最大化するようにモデルパラメータ λ を求めるので，推定は

$$\frac{\partial P(O|\lambda)}{\partial \lambda} = 0 \tag{7.40}$$

によって行われるが，観測系列に対する MAP 推定は

$$\frac{\partial P(\lambda|O)}{\partial \lambda} = 0 \tag{7.41}$$

となる．モデルパラメータの事前分布を $P_0(\lambda)$ とすると，ベイズの定理により

$$P(\lambda|O) = \frac{P(O|\lambda)P_0(\lambda)}{P(O)}$$

となり，適応に際して $P_0(\lambda)$ を考慮することが示唆される．$P_0(\lambda)$ を不特定話者 HMM とし，話者適応 HMM を得ることができる．認識対象話者の n 個の学習データが与えられたとき，ガウス分布の平均値 μ の MAP 推定値 μ_{map} は

$$\mu_{map} = \frac{n\tau^2}{\sigma^2 + n\tau^2}\bar{o} + \frac{\sigma^2}{\sigma^2 + n\tau^2}\mu_0 \tag{7.42}$$

で求められる．ただし，簡単のため，特徴量は 1 次元とし，ガウス分布の分散は σ^2 で変化しないとする．$\bar{o}$ は学習データの平均値，μ_0 と τ^2 は μ の事前（ガウス）分布 $P_0(\mu)$ の平均値と分散である．n が大きいとき，あるいは τ^2 が大きいとき（良い事前分布が得られないと

き）は μ_{map} は $\bar{o}$ に近い値となる．

　MAP 推定は言語モデルの適応にも利用される．例えば，新聞記事の大規模コーパスで学習した言語モデルを用いて，小説の朗読音声を認識しようとすると，言語モデルの"ずれ"が生じ，認識性能が低下する．これに対して言語モデルのドメインの適応が行われる．不特定ドメインの大規模言語コーパス I と認識対象ドメインの小規模言語コーパス D が与えられたとき，単語系列 h に後続する単語 w の出現確率の推定値 $\hat{P}(w\,|\,h)$ を

$$\hat{P}(w\,|\,h) = \frac{F^I(hw) + \omega F^D(hw)}{\sum_w \{F^I(hw) + \omega F^D(hw)\}} \tag{7.43}$$

として推定する．ただし，$F^I(hw)$，$F^D(hw)$ は単語系列 hw が I 中，D 中に出現する回数である．h を 2 単語とすれば tri-gram となる．MAP 推定からは $\omega = 1$ であるが，$\omega > 1$ として適応を加速する．

　頑健な音声認識の実現は音声認識の主要課題である．上記のほか，（定常）雑音の影響を受けにくい特徴パラメータを用いること[32]，雑音を HMM でモデル化して音声の HMM と統合すること[33],[34] などを初め，多くの手法が提案，研究されている．

本章のまとめ

　音声認識に関し，用いられる特徴量とパターン間距離について触れ，歴史的に重要な DP 照合による単語音声認識を概説した．次に，統計的決定理論から音響モデルと言語モデルを導き，現在の連続音声認識の基本技術となっている HMM と n-gram について述べた．最後に，音声認識の重要課題である頑健性の向上について，一般的に用いられているものを中心に概説した．音声関係の教科書で音声認識の詳しい解説がされているものも多く，参照されたい[2],[8],[11]~[13]．

　1980 年の後半から音素認識などに neural network を用いることが行われたが[35]，その後，下火になっていた．最近，多層の neural network を効果的に学習する枠組みが開発され[36]，neural network を利用した提案が多くなされるようになっている．neural network は識別を目的として開発された手法であり，音声認識に有効と考えられる．なお，HMM の学習は最尤推定で行なわれるが，識別の観点から，誤り最小の基準で学習することも行われている[37]．

　ここでは述べなかったが，音声認識の関連技術として，話者認識・識別，言語識別，方言識別，感情識別などがある．話者認識・識別は，個人認証に有用な技術であり，古くから多く研究がなされている．音声認識では話者の違いに頑健な手法の開発が求め

られるが，話者認識・識別では話者の違いを捉えることが求められる．

―――――●理解度の確認●―――――

問 **7.1** トレリススコアとビタビスコアの違いを説明せよ．

問 **7.2** テストセット・パープレキシティーを説明せよ．

問 **7.3** 認識誤りを生ずる要因を整理せよ．

引用・参考文献

〔1 章〕

1) 三浦種敏 監修：新版 聴覚と音声，電子情報通信学会 (1980)
2) 日本音響学会編，森 周司 編：聴覚モデル，コロナ社 (2011)
3) 守谷健弘：音声符号化，電子情報通信学会 (1998)

〔2 章〕

1) M. Watanabe, K. Hirose, Y. Den and N. Minematsu: Filled pauses as cues to the complexity of upcoming phrases for native and non-native listeners, Speech Communication, **50**, Issue 2, pp.81〜94 (2008.2)
2) 広瀬啓吉：韻律情報の処理，信号処理，**2**, 6, pp.415〜423 (1998.11)
3) K. Silverman et al.: A standard for labeling English prosody, Proceedings of International Conference on Spoken Language Processing, Banff, pp.867〜870 (1992)

〔3 章〕

1) 大泉充郎 監修，藤村 靖 編著：音声科学，東京大学出版会 (1972)
2) https://www.internationalphoneticassociation.org/redirected_home（2015 年 2 月現在）
3) 比企静雄 編：音声情報処理，東京大学出版会 (1973)
4) G. Fant: Acoustic theory of speech production, Mouton (1960)
5) J. L. Flanagan: Speech analysis synthesis and perception (2nd edition), Springer-Verlag (1972)
6) J. Flanagan and K. Ishizaka: Computer model to characterize the air volume displaced by the vibrating vocal cords, Journal of Acoustical Society of America, **63**, pp.1559〜1565 (1978)
7) W. Vennard: Singing, the mechanism and the technic, Fisher, New York (1967)
8) D. O'Shaughnessy: Speech communication; Human and machine (2nd Edition), Wiley-IEEE Press, New York (1999)
9) A. E. Rosenberg: Effect of glottal pulse shape on the quality of natural vowels, Journal of Acoustical Society of America, **49**, 2, pp.583〜590 (1971)
10) D. H. Klatt and L. C. Klatt: Analysis, synthesis and perception of voice quality variations among female and male talkers, Journal of Acoustical Society of America, **87**, 2, pp.820〜857 (1990)
11) J. L. Kelly and C. C. Lochbaum: Speech synthesis, Proc. 4th International Congress on Acoustics, G42, pp.1〜4 (1962)
12) L. R. Rabiner and R. W. Schafer: Digital processing of speech signals, Prentice-Hall, New

Jersey (1978)
13) P. Delattre, A. Liberman and F. Cooper: Acoustic loci and transitional cues for consonants, Journal of Acoustical Society of America, **27**, Issue 4, pp.769〜773 (1955)
14) S. Öhman: Numerical model of coarticulation, Journal of Acoustical Society of America, **41**, pp.310〜328 (1967)
15) 藤崎博也, 吉田 賢, 佐藤泰雄, 田辺吉久：ホルマント周波数領域における調音結合のモデルとその母音連続音声の認識への応用, 日本音響学会音声研究会資料, S73〜03, pp.1〜13 (1973)
16) D. Hirst, A. Di Cristo and R. Espesser: Levels of representation and levels of analysis for intonation, Prosody: Theory and Experiment (M. Horne ed.), Kluwer Academic Publishers, Dordrecht, pp.51〜87 (2000)
17) J. van Santen, A. Kain, E. Klabbers and T. Mishra: Synthesis of prosody using multi-level unit sequences, Speech Communication **46**, pp.365〜375 (2005)
18) 藤崎博也：音声による情報表出の過程とそのモデル化, 韻律と音声言語情報処理（広瀬啓吉 編著), 丸善, pp.9〜13 (2006)
19) 広瀬啓吉：音声コミュニケーションにおける感性情報−意図・感情の機械処理を目指して, 感性の科学（辻 三郎 編), サイエンス社, pp.94〜98 (1997)
20) Y. Xu: Speech melody as articulatorily implemented communicative functions, Speech Communication, **46**, pp.220〜251 (2005)

(**4 章**)
1) W. Koenig and H. K. Dunn: The sound spectrograph, Journal of Acoustical Society of America, **18**, 1, pp.19〜49 (1945)
2) A. M. Noll: Short-time spectrum and "cepstrum" techniques for vocal-pitch detection, Journal of Acoustical Society of America, **32**, 2, pp.296〜302 (1964)
3) A. V. Oppenheim and R. W. Schafer: Homomorphic analysis of speech, IEEE Transactions on Audio and Electroacoustics, **AU-16**, 2, pp.221〜226 (1968)
4) A. M. Noll: Cepstrum pitch determination, Journal of Acoustical Society of America, **41**, 2, pp.293〜309 (1967)
5) L. R. Rabiner and R. W. Schafer: Digital processing of speech signals, Prentice-Hall, New Jersey (1978)
6) B. S. Atal: Effectiveness of linear prediction characteristics of the speech wave for automatic speaker identification and verification, Journal of Acoustical Society of America, **55**, 6, pp.1304〜1312 (1974)
7) B. S. Atal and S. L. Hanauer: Speech analysis and synthesis of linear prediction of the speech wave, Journal of Acoustical Society of America, **50**, 2, pp.637〜655 (1971)
8) J. Makhoul: Linear prediction: A tutorial review, Proc. IEEE, **63**, 4, pp.561〜580 (1975)
9) J. D. Markel and A. H. Gray Jr.: Linear prediction of speech, Springer-Verlag (1976)
10) 板倉文忠, 斎藤収三：最尤スペクトル推定法を用いた音声情報圧縮, 日本音響学会誌, **27**, 9, pp.17〜26 (1971)
11) J. Makhoul: Spectral linear prediction: Properties and applications, IEEE Trans. on Acoustics, Speech, and Signal Processing, **ASSP-23**, 3, pp.283〜296 (1975)

12) H. Strube: Determination of the instant of glottal closure from the speech wave, Journal of Acoustical Society of America, **56**, 5, pp.1625〜1629 (1974)
13) F. Itakura and S. Saito: Digital filtering technique for speech analysis and synthesis, Proc. 7th ICA, 25C1 (1971)
14) 板倉文忠：線形予測子係数の線スペクトル表現，日本音響学会音声研究会資料，S75-24 (1975)
15) 管村 昇，板倉文忠：線スペクトル対音声分析合成方式による音声情報圧縮，電子通信学会論文誌，**64-A**, 8, pp.599〜607 (1981)
16) 古井貞煕：音声情報処理，森北出版 (1998)
17) 板橋秀一 編著：音声工学，森北出版 (2005)
18) C. G. Bell, H. Fujisaki, J. M. Heinz, K. N. Stevens and A. S. House: Reduction of speech spectra by analysis-by-synthesis techniques, Journal of Acoustical Soc. America, **33**, 12, pp.1725〜1736 (1961)
19) 藤崎博也，広瀬啓吉，富永昌彦，酒井英憲：線形予測分析における音声特徴パラメータ抽出精度の検討，日本音響学会音声研究会資料，S81-19, pp.145〜152 (1981)
20) W. Hess: Pitch determination of speech signals, Springer-Verlag (1983)
21) H. Kawahara, M. Morise, T. Takahashi, R. Nishimura, T. Irino and H. Banno: Tandem-STRAIGHT: A temporally stable power spectral representation for periodic signals and applications to interference-free spectrum, F0 and aperiodicity estimation, Proc. ICASSP, pp.3933〜3936 (2008)
22) 河原英紀：音声分析合成技術の動向，日本音響学会誌，**67**, 1, pp.40〜45 (2011)
23) 谷萩隆嗣 編著：音声と画像のディジタル信号処理，コロナ社 (1996)
24) 榎本美香，飯田 仁，相川清明：マルチモーダルインタラクション，コロナ社 (2013)
25) 鹿野清宏，中村 哲，伊勢史郎：音声・音情報のディジタル信号処理，昭晃堂 (1997)
26) S. Davis and P. Mermelstein: Comparison of parametric representations for monosyllabic word recognition in countinuously spoken sentences, IEEE Trans. ASSP, **ASSP-28**, pp.357〜366 (1980)
27) A. V. Oppenheim and D. H. Johnson: Discrete representation of signals, Proc. IEEE, **60**, pp.681〜691 (1972)
28) H. W. Strube: Linear prediction on a warped frequency scale, J. Acoust. Soc. Am., **68**, 4, pp.1071〜1076 (1980)

〔5 章〕
1) 吉村賢治，日高 達，吉田 将：文節数最小法を用いたベタ書き日本語文の形態素解析，情報処理学会論文誌，**24**, 1, pp.40〜46 (1983)
2) 久光 徹，新田義彦：接続コスト最小法による日本語形態素解析，情報処理学会全国大会（第 42 回），1C-1 (1991)
3) http://nlp.ist.i.kyoto-u.ac.jp/index.php?JUMAN（2015 年 2 月現在）
4) http://chasen-legacy.sourceforge.jp/（2015 年 2 月現在）
5) M. Nagata: A stochastic Japanese morphological analyzer using a forward-DP backward-A* n-best search algorithm, Proc. COLING, pp.201〜207 (1994)

6) N. Chomsky: Syntactic Structres, Mouton (1957). (2nd Edition, Mouton de Gruyter (2002).)
7) http://nlp.ist.i.kyoto-u.ac.jp/index.php?KNP（2015 年 2 月現在）
8) http://code.google.com/p/cabocha/（2015 年 2 月現在）
9) http://wordnet.princeton.edu/（2015 年 2 月現在）
10) http://www.ninja1.ac.jp/archives/goihyo/（2015 年 2 月現在），国立国語研究所 編：分類語彙表──増補改訂版，大日本図書 (2004)
11) http://www.kecl.ntt.co.jp/icl/lirg/resources/GoiTaikei/（2015 年 2 月現在）
12) http://www2.nict.go.jp/out-promotion/techtransfer/EDR/J_index.html（2015 年 2 月現在）
13) C. J. Fillmore: The Case for Case. In Universals in Linguistic Theory (Edited by Bach and Harms), New York: Holt, Rinehart, and Winston, pp.1〜88 (1968)
14) J. Katz and J. Fodor: The structure of a semantic theory, Language, **30**, pp.170〜210 (1963)
15) D. Yarowsky: Homograph disambiguation in speech synthesis, in Progress in Speech synthesis (J. van Santen, R. Sproat, J. Olive and J. Hirschberg eds.), Springer, pp.159〜175 (1997)
16) K. W. Church and P. Hanks: Word association norms, mutual information and lexicography, Computational Linguistics, **16**, 1, pp.22〜29 (1990)
17) http://reed.kuee.kyoto-u.ac.jp/cf-search/（2015 年 2 月現在）
18) A. K. Joshi and S. Weinstein: Control of inference: Role of some aspects of discourse structured-centering, Proc. 7th International Joint Conference on Artificial Intelligence, Vancouver, pp.385〜387 (1981)
19) M. Walker, M. Iida and S. Cotes: Japanese Discourse and the Process of Centering. Computational Linguistics, **20**, Issue 2, pp.193〜232 (1994)
20) W. D. Mann and S. A. Thompson: Relational propositions in discourse, Discourse Processes, **9**, 1, pp.57〜90 (1986)
21) P. Brown et al.: A statistical approach to machine translation, Computational Linguistics, **16**, 2, pp.79〜85 (1991)
22) M. Nagao: A framework of mechanical translation between Japanese and English by analogy principle, Artificial and Human Intelligence (A. Elithorn and R. Banerji, eds.), Elsevier Science Publisher, pp.173〜180 (1984)
23) 田中穂積 監修：自然言語処理──基礎と応用──，電子情報通信学会 (1999)
24) 奥村 学：自然言語処理の基礎，コロナ社 (2010)
25) 中川聖一 編著：音声言語処理と自然言語処理，コロナ社 (2013)

〔**6 章**〕

1) 匂坂芳典，佐藤大和：日本語単語連鎖のアクセント規則，電子情報通信学会論文誌，**J66-D**, 7, pp.849〜856 (1983)
2) 鈴木雅之，黒岩 龍，印南佳祐，小林俊平，清水信哉，峯松信明，広瀬啓吉：条件付き確率場を用いた日本語東京方言のアクセント結合自動推定，電子情報通信学会論文誌，**J96-D**, 3, pp.644〜654

(2013)

3) J. Flanagan: Voices of men and machines, J. Acoust. Soc. Am., **51**, 5, pp.1375〜1387 (1972)

4) D. Klatt: Review of text-to-speech conversion for English, J. Acoust. Soc. Am., **82**, 3, pp.737〜793 (1980)

5) 阿部匡伸：コーパスベース音声合成技術の動向 [II]；音声合成単位を例題に，電子情報通信学会誌，**87**, 2, pp.129〜134 (2004)

6) E. Moulines and F. Charpentier: Pitch synchronous waveform processing techniques for text-to-speech synthesis using diphones, Speech Communication, **9**, pp.453〜467 (1990)

7) N. Campbell: コーパスベース音声合成技術の動向 [V]；大規模音声コーパスによる音声合成，電子情報通信学会誌，**87**, 6, pp.497〜500 (2004)

8) D. Klatt: Software for a cascade/parallel formant Synthesizer, J. Acoust. Soc. Am., **67**, 3, pp.971〜995 (1980)

9) ニックキャンベル：Tones and Break Indices（ToBI）システムと日本語への適用，日本音響学会誌，**53**, 3, pp.223〜229 (1997)

10) H. Fujisaki and K. Hirose: Analysis of voice fundamental frequency contours for declarative sentences of Japanese, J. Acoust. Soc. Japan (E), **5**, 4, pp.233〜242 (1984)

11) 広瀬啓吉，藤崎博也，河井 恒，山口幹雄：基本周波数パターン生成過程モデルに基づく文章音声の合成，電子情報通信学会論文誌，**J72-A**, 1, pp.32〜40 (1989)

12) K. Hirose, K. Sato, Y. Asano and N. Minematsu: Synthesis of F_0 contours using generation process model parameters predicted from unlabeled corpora: Application to emotional speech synthesis, Speech Commu., **46**, 3〜4, pp.385〜404 (2005)

13) 匂坂芳典：日本語音声合成の最近の進展について，電子情報通信学会技術研究報告，SP94-84, pp.39〜45 (1995)

14) 小林隆夫，徳田恵一：コーパスベース音声合成技術の動向 [IV]–HMM 音声合成方式–，電子情報通信学会誌，**87**, 4, pp.322〜327 (2004)

15) 徳田恵一：音声合成に関する研究の動向——統計的パラメトリック音声技術の動向，日本音響学会誌，**67**, 1, pp.17〜22 (2011)

16) T. Toda and K. Tokuda: A speech parameter generation algorithm considering global variance for HMM-based speech synthesis, IEICE transactions on information and systems, **E90-D**, 5, pp.816〜824 (2007)

17) T. Matsuda, K. Hirose and N. Minematsu: Applying generation process model constraint to fundamental frequency contours generated by hidden-Markov-model-based speech synthesis, Acoustical Science and Technology, Acoustical Society of Japan, **33**, 4, pp.221〜228 (2012)

18) K. Tokuda, T. Masuko, N. Miyazaki and T. Kobayashi: Hidden Markov models based on multispace probability distribution for pitch pattern modeling, Proc. IEEE ICASSP, pp.229〜232 (1999)

19) K. Yu and S. Young: Continuous F0 modeling for HMM based statistical parametric speech synthesis, IEEE Transactions on Audio, Speech, and Language Processing, **19**, 5, pp.1071〜1079 (2011)

20) H. Zen, K. Tokuda, T. Masuko, T. Kobayashi and T. Kitamura: Hidden semi-Markov model based speech synthesis system, IEICE Transactions on Information and Systems, **E90-D**, 5, pp.825〜834 (2007)

21) M. Tamura, T. Masuko, K. Tokuda and T. Kobayashi: Text-to-speech synthesis with arbitrary speaker's voice from average voice, Proc. EUROSPEECH, pp.345〜348 (2001)

22) M. Abe, S. Nakamura, K. Shikano and H. Kuwabara: Voice conversion through vector quantization, Proc. IEEE ICASSP, pp.655〜658 (1988)

23) Y. Stylianou, O. Cappe and E. Moulines: Continuous probabilistic transform for voice conversion, IEEE Trans. on Speech & Audio Processing, **6**, 2, pp.131〜142 (1998)

24) A. Kain and M.W. Macon: Spectral voice conversion for text-to-speech synthesis, Proc. IEEE ICASSP, pp.285〜288 (2002)

25) T. Toda, A. W. Black and K. Tokuda: Voice conversion based on maximum-likelihood estimation of spectral parameter trajectory, IEEE Trans. on Audio, Speech and Language Processing, **15**, 8, pp.2222〜2235 (2007)

26) K. Hirose, K. Ochi, R. Mihara, H. Hashimoto, D. Saito and N. Minematsu: Adaptation of prosody in speech synthesis by changing command values of the generation process model of fundamental frequency, Proc. INTERSPEECH, pp.2793〜2796 (2011)

27) T. Toda, Y. Ohtani and K. Shikano: Eigenvoice conversion based on Gaussian mixture model, Proc. INTERSPEECH, pp.2446〜2449 (2006)

〔**7** 章〕

1) S. Furui: Cepstral analysis technique for automatic speaker verification, IEEE Trans. Acoust., Speech, and Signal Processing, **ASSP-29**, 2, pp.254〜272 (1981)

2) 古井貞熙：音声情報処理，森北出版 (1998)

3) S. Furui: Speaker independent isolated word recognition using dynamic features speech spectrum, IEEE Trans. Acoust., Speech, and Signal Processing, **ASSP-34**, 1, pp.52〜59 (1986)

4) 広瀬啓吉：音声認識の動向 [III・完]——韻律と音声認識——，電子情報通信学会誌，**89**, 10, pp.895〜900 (2006)

5) T. K. Vintsyuku: Speech recognition by dynamic programming, Kibernetika, **4**, 1, pp.81〜88 (1968)

6) 迫江博昭，千葉成美：動的計画法を利用した音声の時間正規化に基づく連続単語音声認識，日本音響学会誌，**27**, 9, pp.483〜490 (1971)

7) H. Sakoe: Two-level DP matching – A dynamic programming-based pattern matching algorithm for connected word recognition, IEEE Trans. Acoust., Speech, and Signal Processing, **ASSP-27**, 6, pp.588〜595 (1979)

8) 中川聖一：確率モデルによる音声認識，電子情報通信学会 (1988)

9) L. Rabiner and B.-H. Juang: An introduction to hidden Markov models, IEEE ASSP Magazine, pp.4〜16 (1986)

10) 大河内正明：Hidden Markov model に基づいた音声認識，日本音響学会誌，**42**, 12, pp.936〜941 (1986)

11) L. Rabiner and B.-H. Juang: Fundamentals of speech recognition, Prentice Hall PTR (1993)
12) 鹿野清宏, 伊藤克旦, 河原達也, 武田一哉, 山本幹雄 編著: 音声認識システム, オーム社 (2001)
13) 中川聖一 編著: 音声言語処理と自然言語処理, コロナ社 (2013)
14) J.R. Bellagarda and D.H. Nahamoo: Tied mixture continuous parameter models for large vocabulary isolated speech recognition, Proc. IEEE International Conf. on Acoustics, Speech, and Signal Processing, pp.13~15 (1989)
15) X. D. Huang and M.A. Jack: Semi-continuous Hidden Markov Models for Speech Recognition, Computer Speech and Language, **3**, 3, pp.239~251 (1989)
16) N. J. Russell and R. K. Moore: Explicit modelling of state occupancy in hidden Markov models for automatic speech recognition, Proc. IEEE International Conf. on Acoustics, Speech, and Signal Processing, pp.5~8 (1985)
17) G. D. Forney: The Viterbi algorithm, Proc. IEEE, **61**, 3, pp.268~278 (1973)
18) F. Jelinek and R. L. Mercer: Interpolated estimation of Markov source parameters from sparse data, Pattern recognition in practice (E. S. Gelsena and L. N. Kanal ed.), North-Holland Publishing Co., pp.381~397 (1980)
19) S. M. Katz: Estimation of probabilities from sparse data for the language model component of a speech recognizer, IEEE Trans. Acoust., Speech, and Signal Processing, **ASSP-23**, 1, pp.11~23 (1975)
20) M. Sondhi and S. E. Levinson: Computing relative redundancy to measure grammatical constraint in speech recognition tasks, Proc. IEEE International Conf. on Acoustics, Speech, and Signal Processing, pp.409~412 (1978)
21) R. Lau, R. Rosenfeld and S. Roukos: Trigger-based language models: a maximum entropy approach, Proc. IEEE International Conf. on Acoustics, Speech, and Signal Processing, **II**, pp.45~48 (1993)
22) P. E. Hart, N. J. Nilsson and B. Raphael: A formal basis for the heuristic determination of minimum cost paths. IEEE Transactions on Systems Science and Cybernetics, **SSC4**, 2, pp.100~107 (1968)
23) P. Lockwood and J. Boudy: Experiments with a nonlinear spectral subtracter (NSS), hidden Markov models and the projection, for robust speech recognition in cars, Speech Communication, **11**, pp.215~228 (1992)
24) A. Rosenberg, C-H. Lee and F. Soong: Cepstral channel normalization techniques for HMM-based speaker verification, Proc. International Conf. on Spoken Language Processing, **4**, pp.1835~1838 (1994)
25) O. Viikki and K. Laurila: Cepstral domain segmental feature vector normalization for noise robust speech recognition, Speech Communication, **25**, pp.133~147 (1998)
26) J. Droppo, Li Deng and A. Acero: Evaluation of SPLICE on the Aurora 2 and 3 tasks, Proc. ICSLP, pp.29~32 (2002)
27) J. Du and Q. Huo: A feature compensation approach using high order vector Taylor series approximation of an explicit distortion model for noisy speech recognition, IEEE Transactions on Audio, Speech, and Language Processing, **19**, 8, pp.2285~2293 (2011)

28) M. Suzuki, T. Yoshioka, S. Watanabe, N. Minematsu and K. Hirose: Feature enhancement with joint use of consecutive corrupted and noise feature vectors with discriminative region weighting, IEEE Transactions on Audio, Speech and Language Processing, **21**, pp.2172〜2181 (2013.10).
29) C. J. Leggetter and P. C. Woodland: Maximum likelihood linear regression for speaker adaptation of continuous density hidden Markov models, Computer Speech and Language, **9**, pp.171〜185 (1995)
30) M. J. F. Gales: Maximum likelihood linear transformations for HMM-based speech recognition, Computer Speech and Language, **12**, pp.75〜98 (1998)
31) C. H. Lee, C. H. Lin and B. H. Juang: A study on speaker adaptation of the parameters of continuous density hidden Markov models, IEEE Trans. on Signal Processing, **39**, 4, pp.806〜814 (1991)
32) H. Hermansky and N. Morgan: RASTA processing of speech, IEEE Trans. on Speech and Audio Processing, **2**, 4, pp.578〜589 (1994)
33) F. Martin, K. Shikano and Y. Minami: Recognition of noisy speech by composition of hidden Markov models, Proc. EUROSPEECH, pp.1031〜1034 (1993)
34) M. J. F. Gales and S. Young: An improved approach to the hidden Markov model decomposition of speech and noise, IEEE International Conf. on Acoustics, Speech, and Signal Processing, pp.233〜236 (1992)
35) M. Sugiyama, H. Sawai and A. H. Waibel: Review of tdnn (time delay neural network) architectures for speech recognition, Proc. IEEE International Symposium on Circuits and Systems, pp.582〜585 (1991)
36) G. E. Hinton, S. Osindero and Y-W. Teh: A fast learning algorithm for deep belief nets, Neural computation, **18**, 7, pp.1527〜1554 (2006)
37) G. Heigold, H. Ney, R. Schluter and S. Wiesler: Discriminative training for automatic speech recognition: Modeling, criteria, optimization, implementation, and performance, IEEE Signal Processing Magazine, **29**, Issue.6 (Special issue on fundamental technologies in modern speech recognition), pp.58〜69 (2012)

理解度の確認；解説

（2 章）
問 2.1 韻律的特徴が重要な役割を果たしている．

（3 章）
問 3.1 人間の発声する音声に含まれる個々の音を，その音響的特徴の違いに基づき，調音の観点からカテゴライズしたものを音（オン）と呼ぶ．それに対し，ある言語において，意味の伝達の観点から音をカテゴライズしたものを音素と呼ぶ．異なる音でも，意味の違いに寄与しなければ，同じ音素となる．言語によって音素体系は異なる．
問 3.2 低次のフォルマント周波数の相対的な大きさの関係が，母音の知覚に大きく寄与する．
問 3.3 右辺分母を
$$e^{j\frac{\omega}{c}l} - r_l e^{-j\frac{\omega}{c}l} = (1-r_i)\cos\frac{\omega}{c}l + j(1+r_i)\sin\frac{\omega}{c}l$$
としてその絶対値の変動を見れば，$\cos(2\omega l/c) = -1$ のとき，$|V(\omega)|$ が最大になることが導かれる．
問 3.4 音源から見て，声道（音響管）が分岐しているとき反共振が生じる．

（4 章）
問 4.1 前者は，基本周期の数倍の窓幅でフーリエ変換を行って得られるスペクトル解析結果，後者は基本周期以下の窓幅でフーリエ変換を行って得られるスペクトル解析結果である．それぞれ，狭帯域フィルタ，広帯域フィルタでの分析結果に相当する．前者では，時間軸方向の横縞，後者では周波数軸方向の縦縞として，有声音声の調波構造が現れる．
問 4.2 線形予測分析で求められる極が，必ずしも正しいものではない．また，調波構造との関係で誤差が含まれる．更に，窓幅が 1 基本周期以下程度では，窓位置による抽出変動が顕著になる．
問 4.3 短時間スペクトルから得られるものを FFT ケプストラム，（線形予測による）スペクトル包絡から得られるものを LPC ケプストラムと呼ぶ．

（5 章）
問 5.1 解図 5.1 参照

126　理解度の確認；解説

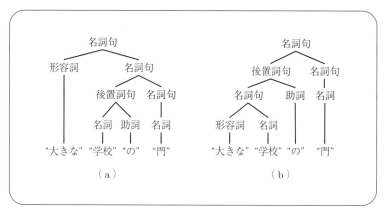

解図 5.1

問 5.2 講演音声は話し言葉であり，文書には一般的に見られない，言い直し，省略，フィラーなど，書き言葉の文法から逸脱した部分への対処が必要となる．また，音声を対象としているので，音声認識誤りがある．

（**6 章**）
問 6.1 音声認識では，話者による音声の特徴の違いを捉えるために，多数話者の音声コーパスが用いられるのに対し，音声合成では，1 名の音声コーパスが用いられる．音声合成では，ナレータなどの発声のプロがスタジオで発話したものを音声コーパスとする．
　　　　HMM に用いるコンテキストの細かさが異なる．音声合成では韻律的特徴を考慮する．
問 6.2 テキストからの音声合成では，与えられたテキストを文解析するのに対し，概念からの音声合成では，まず文生成を行う．テキストを解析する場合と比べ，言語情報等に関する深い情報が誤りなく得られ，これを合成音声に反映させることが重要な課題となる．

（**7 章**）
問 7.1 観測系列がモデルから出力される確率（スコア）を計算する際，可能な状態系列のすべてを考慮するのがトレリススコア，最大確率の状態系列のみを考慮するのがビタビスコアである．
問 7.2 （学習に用いたテキストではない）評価テキストの単語パープレキシティーとして計算する．パープレキシティーが低いほど，（認識タスクに）適した言語モデルということができる．
問 7.3 学習データと認識対象の環境の不一致．このような不一致には，話者間変動，話者内変動，収録環境の違いがある．

索引

【あ】
アクセント核 …………… 76
アクセント型 …………… 76
アクセント結合 ………… 77
アクセント指令 ………… 81

【い】
異音 ……………………… 14
異音化 …………………… 76
意味解析 ………………… 65
咽頭 ……………………… 11
韻律的特徴 …………… 5, 76

【う】
後ろ向き確率 ………… 104
後ろ向き予測残差 ……… 45
運動性言語中枢 ………… 10

【え】
エリアシング …………… 34

【お】
音 ………………………… 11
音響モデル …………… 100
音響尤度 ……………… 100
音声記号 ………………… 12
音声強調 ……………… 112
音声言語 ………………… 4
音声対話 ………………… 7
音声符号化 ……………… 2
音声翻訳 ………………… 71
音素 ……………………… 11

【か】
外界照応 ………………… 67
概念からの音声合成 …… 90
係り受け解析 …………… 64
書換え規則 ……………… 60
格構造 …………………… 65
格フレーム ……………… 65
格文法 …………………… 65
確率文脈自由文法 ……… 63
隠れマルコフモデル … 101

【き】
機械翻訳 ………………… 69
記述長最小化原理 ……… 85
規則合成 ………………… 78
基本周期 …………… 18, 50
基本周波数 ………… 18, 54
基本周波数パターン …… 28
基本周波数パターン生成過程
　モデル ……………… 28, 81
共振 ……………………… 19
狭帯域スペクトログラム … 38
共分散法 ………………… 42
極 ………………………… 80
距離尺度 ………………… 96

【く】
矩形窓 …………………… 32
句構造文法 ……………… 60

【け】
形式言語 ………………… 60
形態素解析 ……………… 58
ケプストラム …………… 49
言語重み ……………… 100
言語モデル …………… 100
言語尤度 ……………… 100

【こ】
口腔 ……………………… 11
後舌母音 ………………… 21
高速フーリエ変換 ……… 37
広帯域スペクトログラム … 39
喉頭 ………………… 10, 11
構文解析 ………………… 60
国際音声記号 …………… 12
コーパスベース音声合成 … 79
混合ガウス分布 ……… 102
コンテキストラベル …… 85

【さ】
最長一致法 ……………… 59
残差 ……………………… 40
残差駆動 ………………… 79

【し】
自己回帰移動平均モデル … 41
自己相関関数 …………… 54
自己相関法 ……………… 42
シソーラス ……………… 65
ジッタ …………………… 18
シマー …………………… 18
重回帰分析 ……………… 83
修辞構造解析 …………… 67
終端記号 ………………… 60
周波数スペクトル ……… 36
照応 ……………………… 67
照応解析 ………………… 67
照応詞 …………………… 67
状態出力型 …………… 101
指令–応答モデル ……… 27
深層格 …………………… 65
振幅スペクトル ………… 36

【す】
スペクトル包絡 ………… 44
スペクトログラフ ……… 37
スペクトログラム ……… 37

【せ】
正規化角周波数 ………… 34
正規文法 ………………… 61
声質変換 ………………… 87
生成文法 ………………… 60
声帯 ……………………… 10
声帯音源 …………… 11, 18
声帯体積流速度 ………… 17
声道 ……………………… 11
声道アナログ方式 ……… 78
声道伝達特性 …………… 14
声門 ……………………… 11
接近音 …………………… 14
接続コスト ……………… 79
接続コスト最小法 ……… 60
折衷型音声合成器 ……… 81
ゼロ代名詞 ……………… 67
遷移出力型 …………… 101
線形予測 ………………… 40
線形予測係数 …………… 40

線形予測符号化 ……………… 40
先行詞 ……………………… 67
線スペクトル ……………… 15, 37
線スペクトル対 ……………… 46
前舌母音 …………………… 21
選択コスト ………………… 79
選択制限 …………………… 66

【そ】
相互情報量 ………………… 66
側音 ………………………… 14
ソースフィルタモデル …… 16, 78

【た】
ターゲットコスト ………… 79
ターミナルアナログ音声合成 … 80
ターミナルアナログ方式 …… 78
単語直接方式 ……………… 69
短時間エネルギー ………… 34
短時間自己相関関数 ……… 34
端点フリー DP …………… 99
談話解析 …………………… 67

【ち】
チャート法 ………………… 62
中間言語方式 ……………… 69
中心化理論 ………………… 68
調音 ………………………… 11
調音位置 …………………… 12
調音器官 …………………… 11
調音結合 ………………… 11, 27
調音点 ……………………… 12
調音様式 …………………… 12
超分節的特徴 ………………… 5
直列接続型 ………………… 80
チョムスキーの階層 ……… 60
チョムスキー標準形 ……… 61

【て】
定名詞 ……………………… 67
テキスト音声変換 ………… 74
テキストからの音声合成 … 74
テストセット・
　　パープレキシティー …… 110

【と】
統計的機械翻訳 …………… 71
動的計画法 ………………… 97
特殊拍音素 ………………… 12
トップダウン解析手法 …… 61
トランスファ方式 ………… 69
トレリス …………………… 105

【に】
入力パターン ……………… 97

【は】
パープレキシティー ……… 110
波形選択音声合成 ………… 80
波形選択合成 ……………… 86
波形編集方式 ……………… 79
破擦音 ……………………… 14
はじき音 …………………… 14
発声器官 …………………… 10
ハミング窓 ………………… 32
パラ・非言語情報 …………… 5
パラレルコーパス ………… 87
破裂音 …………………… 11, 13
パワースペクトル ………… 36
反共振 …………………… 19, 23
半連続 HMM ……………… 103

【ひ】
鼻音 ………………………… 13
鼻音化 ……………………… 76
鼻腔 ………………………… 11
非終端記号 ………………… 60
ビタビアルゴリズム ……… 106
ビタビ経路 ………………… 106
ピッチ ……………………… 18
ピッチ抽出 ………………… 18
標準パターン ……………… 97
表層格 ……………………… 65
標本化 ……………………… 33
標本化定理 ………………… 33
品詞接続表 ………………… 59

【ふ】
フィラー ……………………… 4
フォルマント …………… 15, 46
フォルマント音声合成 …… 80
フォルマント周波数 ……… 21
複素ケプストラム ………… 49
フーリエ変換 ……………… 32
ふるえ音 …………………… 14
フレーズ指令 ……………… 81
フレーム …………………… 95
フレーム周期 ……………… 33
フレーム長 ………………… 33
分割数最小法 ……………… 59
文生成 ……………………… 70
分析合成方式 ……………… 78
文節 ………………………… 59
文節数最小法 ……………… 59
分節的特徴 ……………… 5, 75
分布定数回路 ……………… 23

【へ】
文脈 ………………………… 7
文脈依存文法 ……………… 61
文脈解析 …………………… 67
文脈自由文法 ……………… 61

【へ】
平均振幅差関数 …………… 54
閉鎖音 ……………………… 13
並列接続型 ………………… 81
ベクトル量子化 ………… 87, 102
変形短時間自己相関関数 … 35
偏自己相関係数 …………… 46

【ほ】
方形窓 ……………………… 32
放射特性 …………………… 14
ボトムアップ解析手法 …… 61
翻訳モデル ………………… 71

【ま】
マイクロプロソディー …… 29
前向き確率 ……………… 104
前向き予測残差 …………… 45
摩擦音 ……………………… 14
マルチテンプレート方式 … 99
マルチパルス ……………… 79

【む】
無声音 ……………………… 11
無声化 ……………………… 76
無声破裂音 ……………… 11, 13
無声摩擦音 ………………… 14

【め】
メルケプストラム係数 …… 95
メル尺度 ………………… 50, 52
メル周波数ケプストラム係数 50

【も】
文字言語 …………………… 4

【ゆ】
有声音 ……………………… 11
有声音源 …………………… 11
有声破裂音 ……………… 11, 13
有声摩擦音 ………………… 14

【よ】
用例に基づく機械翻訳 …… 71

【ら】
乱流音源 …………………… 18

【り】

リアルタイム処理 97
離散フーリエ変換 36
離散 HMM 101

量子化 33
臨界制動 2 次線形系 29

【れ】

零点 80

連結学習 108
連続 HMM 101
連濁 75

【A】

A* 探索 111
A-b-S 47
ARMA model 41

【B】

back-off smoothing 110
Bakis 型 101
Baum-Welch 法 107
beam 探索 111
bigram モデル 109
breadth-first 探索 111

【C】

CATR 80
cepstral mean normalization 113
CYK 法 62

【D】

depth-first 探索 111
DP 照合法 87, 98

【E】

ergodic model 101

【F】

FFT ケプストラム 53, 95

【G】

GMM 88, 102
grapheme-to-phoneme conversion 75

【H】

hidden semi-Markov model 103

HMM 101
HMM 音声合成 84
HSMM 86

【I】

island-driven 探索 111

【K】

Kelly 形声道モデル 26

【L】

left-to-right 型 101
left-to-right 探索 111
LPC ケプストラム 53
LPC ケプストラム距離 97
LPC ケプストラム係数 95
LPC 分析 40
LSP 46
LSP 分析 46

【M】

MAP 推定 114
Mealy 型 101
MFCC 50
MLLR 113
mono-phone model 108
Moore 型 101
MSD-HMM 85

【N】

n-gram モデル 60, 109

【P】

PARCOR 係数 46
PARCOR 分析 46

【S】

SHRDLU 68

SPLICE 113
STRAIGHT 55, 86

【T】

TD-PSOLA 79
tied arc 108
tied mixture HMM 103
ToBI 6, 81
trigram モデル 109
tri-phone model 108

【U】

unigram モデル 109

【V】

VOCODER 55
Voder 78
VOT 13

【W】

Wizard of OZ システム 7

【ギリシャ文字】

Δ ケプストラム 95
Δ パラメータ 85
Δ^2 ケプストラム 96
Δ^2 パラメータ 85

【数字】

0 型文法 61
1 型文法 61
1/2 波長共振 21
1/4 波長共振 21
2 型文法 61
2 質量モデル 17
2 段 DP 照合 99
3 型文法 61

—— 著者略歴 ——

広瀬　啓吉（ひろせ　けいきち）
1977 年　東京大学大学院工学系研究科博士課程修了（電子工学専攻）
　　　　工学博士（東京大学）
2015 年　東京大学名誉教授

音声・言語処理
Spoken Language Processing　　ⓒ　一般社団法人　電子情報通信学会　2015
2015 年 5 月 18 日　初版第 1 刷発行

検印省略	編　者	一般社団法人 電子情報通信学会 http://www.ieice.org/
	著　者	広　瀬　啓　吉
	発行者	株式会社　コロナ社 代表者　牛来真也

112-0011　東京都文京区千石 4-46-10
発行所　株式会社　コロナ社
CORONA PUBLISHING CO., LTD.
Tokyo Japan　　Printed in Japan
振替 00140-8-14844・電話(03)3941-3131(代)
http://www.coronasha.co.jp

ISBN 978-4-339-01842-4
印刷：三美印刷／製本：愛千製本所

本書のコピー，スキャン，デジタル化等の
無断複製・転載は著作権法上での例外を除
き禁じられております。購入者以外の第三
者による本書の電子データ化及び電子書籍
化は，いかなる場合も認めておりません。

落丁・乱丁本はお取替えいたします

電子情報通信レクチャーシリーズ

■電子情報通信学会編　　　（各巻B5判）

共通

記号	配本順	書名	著者	頁	本体
A-1	（第30回）	電子情報通信と産業	西村吉雄 著	272	4700円
A-2	（第14回）	電子情報通信技術史 —おもに日本を中心としたマイルストーン—	「技術と歴史」研究会編	276	4700円
A-3	（第26回）	情報社会・セキュリティ・倫理	辻井重男 著	172	3000円
A-4		メディアと人間	原島 博／北川高嗣 共著		
A-5	（第6回）	情報リテラシーとプレゼンテーション	青木由直 著	216	3400円
A-6	（第29回）	コンピュータの基礎	村岡洋一 著	160	2800円
A-7	（第19回）	情報通信ネットワーク	水澤純一 著	192	3000円
A-8		マイクロエレクトロニクス	亀山充隆 著		
A-9		電子物性とデバイス	益 一哉／天川修平 共著		

基礎

記号	配本順	書名	著者	頁	本体
B-1		電気電子基礎数学	大石進一 著		
B-2		基礎電気回路	篠田庄司 著		
B-3		信号とシステム	荒川 薫 著		
B-5		論理回路	安浦寛人 著		
B-6	（第9回）	オートマトン・言語と計算理論	岩間一雄 著	186	3000円
B-7		コンピュータプログラミング	富樫 敦 著		
B-8		データ構造とアルゴリズム	岩沼宏治 他著		
B-9		ネットワーク工学	仙田正和／石村 裕／中野敬介 共著		
B-10	（第1回）	電磁気学	後藤尚久 著	186	2900円
B-11	（第20回）	基礎電子物性工学 —量子力学の基本と応用—	阿部正紀 著	154	2700円
B-12	（第4回）	波動解析基礎	小柴正則 著	162	2600円
B-13	（第2回）	電磁気計測	岩﨑 俊 著	182	2900円

基盤

記号	配本順	書名	著者	頁	本体
C-1	（第13回）	情報・符号・暗号の理論	今井秀樹 著	220	3500円
C-2		ディジタル信号処理	西原明法 著		
C-3	（第25回）	電子回路	関根慶太郎 著	190	3300円
C-4	（第21回）	数理計画法	山下信雄／福島雅夫 共著	192	3000円
C-5		通信システム工学	三木哲也 著		
C-6	（第17回）	インターネット工学	後藤滋樹／外山勝保 共著	162	2800円
C-7	（第3回）	画像・メディア工学	吹抜敬彦 著	182	2900円
C-8	（第32回）	音声・言語処理	広瀬啓吉 著	140	2400円
C-9	（第11回）	コンピュータアーキテクチャ	坂井修一 著	158	2700円

配本順				頁	本体
C-10		オペレーティングシステム			
C-11		ソフトウェア基礎	外山芳人著		
C-12		データベース			
C-13	(第31回)	集積回路設計	浅田邦博著	208	3600円
C-14	(第27回)	電子デバイス	和保孝夫著	198	3200円
C-15	(第8回)	光・電磁波工学	鹿子嶋憲一著	200	3300円
C-16	(第28回)	電子物性工学	奥村次徳著	160	2800円

展　開

D-1		量子情報工学	山崎浩一著		
D-2		複雑性科学			
D-3	(第22回)	非線形理論	香田徹著	208	3600円
D-4		ソフトコンピューティング	山川堀尾恵烈二共著		
D-5	(第23回)	モバイルコミュニケーション	中川正知 大槻雄明 共著	176	3000円
D-6		モバイルコンピューティング			
D-7		データ圧縮	谷本正幸著		
D-8	(第12回)	現代暗号の基礎数理	黒澤馨 尾形わかは 共著	198	3100円
D-10		ヒューマンインタフェース			
D-11	(第18回)	結像光学の基礎	本田捷夫著	174	3000円
D-12		コンピュータグラフィックス			
D-13		自然言語処理	松本裕治著		
D-14	(第5回)	並列分散処理	谷口秀夫著	148	2300円
D-15		電波システム工学	唐沢好男 藤井威生 共著		
D-16		電磁環境工学	徳田正満著		
D-17	(第16回)	ＶＬＳＩ工学 ―基礎・設計編―	岩田穆著	182	3100円
D-18	(第10回)	超高速エレクトロニクス	中村徹 島友義 三荒 共著	158	2600円
D-19		量子効果エレクトロニクス	荒川泰彦著		
D-20		先端光エレクトロニクス			
D-21		先端マイクロエレクトロニクス			
D-22		ゲノム情報処理	高木利久 小池麻子 編著		
D-23	(第24回)	バイオ情報学 ―パーソナルゲノム解析から生体シミュレーションまで―	小長谷明彦著	172	3000円
D-24	(第7回)	脳工学	武田常広著	240	3800円
D-25		生体・福祉工学	伊福部達著		
D-26		医用工学			
D-27	(第15回)	ＶＬＳＩ工学 ―製造プロセス編―	角南英夫著	204	3300円

定価は本体価格+税です。
定価は変更されることがありますのでご了承下さい。

図書目録進呈◆

電子情報通信学会 大学シリーズ

(各巻A5判，欠番は品切です)

■電子情報通信学会編

配本順		著者	頁	本体
A-1 (40回)	応用代数	伊藤 理 正夫 悟 共著	242	3000円
A-2 (38回)	応用解析	堀内 和夫 著	340	4100円
A-3 (10回)	応用ベクトル解析	宮崎 保光 著	234	2900円
A-4 (5回)	数値計算法	戸川 隼人 著	196	2400円
A-5 (33回)	情報数学	廣瀬 健 著	254	2900円
A-6 (7回)	応用確率論	砂原 善文 著	220	2500円
B-1 (57回)	改訂 電磁理論	熊谷 信昭 著	340	4100円
B-2 (46回)	改訂 電磁気計測	菅野 允 著	232	2800円
B-3 (56回)	電子計測(改訂版)	都築 泰雄 著	214	2600円
C-1 (34回)	回路基礎論	岸 源也 著	290	3300円
C-2 (6回)	回路の応答	武部 幹 著	220	2700円
C-3 (11回)	回路の合成	古賀 利郎 著	220	2700円
C-4 (41回)	基礎アナログ電子回路	平野 浩太郎 著	236	2900円
C-5 (51回)	アナログ集積電子回路	柳沢 健 著	224	2700円
C-6 (42回)	パルス回路	内山 明彦 著	186	2300円
D-2 (26回)	固体電子工学	佐々木 昭夫 著	238	2900円
D-3 (1回)	電子物性	大坂 之雄 著	180	2100円
D-4 (23回)	物質の構造	高橋 清 著	238	2900円
D-5 (58回)	光・電磁物性	多田 邦雄 松本 俊 共著	232	2800円
D-6 (13回)	電子材料・部品と計測	川端 昭 著	248	3000円
D-7 (21回)	電子デバイスプロセス	西永 頌 著	202	2500円
E-1 (18回)	半導体デバイス	古川 静二郎 著	248	3000円
E-2 (27回)	電子管・超高周波デバイス	柴田 幸男 著	234	2900円
E-3 (48回)	センサデバイス	浜川 圭弘 著	200	2400円
E-4 (60回)	新版 光デバイス	末松 安晴 著	240	3000円
E-5 (53回)	半導体集積回路	菅野 卓雄 著	164	2000円
F-1 (50回)	通信工学通論	畔柳 功 塩谷 芳光 共著	280	3400円
F-2 (20回)	伝送回路	辻井 重男 著	186	2300円

配本順		頁	本体
F-4 (30回)	通信方式　　　　　平松啓二著	248	3000円
F-5 (12回)	通信伝送工学　　　丸林　元著	232	2800円
F-7 (8回)	通信網工学　　　　秋山　稔著	252	3100円
F-8 (24回)	電磁波工学　　　　安達三郎著	206	2500円
F-9 (37回)	マイクロ波・ミリ波工学　内藤喜之著	218	2700円
F-10 (17回)	光エレクトロニクス　大越孝敬著	238	2900円
F-11 (32回)	応用電波工学　　　池上文夫著	218	2700円
F-12 (19回)	音響工学　　　　　城戸健一著	196	2400円
G-1 (4回)	情報理論　　　　　磯道義典著	184	2300円
G-2 (35回)	スイッチング回路理論　当麻喜弘著	208	2500円
G-3 (16回)	ディジタル回路　　斉藤忠夫著	218	2700円
G-4 (54回)	データ構造とアルゴリズム　斎藤信男・西原清一共著	232	2800円
H-1 (14回)	プログラミング　　有田五次郎著	234	2100円
H-2 (39回)	情報処理と電子計算機 (「情報処理通論」改題新版)　有澤　誠著	178	2200円
H-4 (55回)	改訂 電子計算機 II ―構成と制御―　飯塚　肇著	258	3100円
H-5 (31回)	計算機方式　　　　高橋義造著	234	2900円
H-7 (28回)	オペレーティングシステム論　池田克夫著	206	2500円
I-3 (49回)	シミュレーション　中西俊男著	216	2600円
I-4 (22回)	パターン情報処理　長尾　真著	200	2400円
J-1 (52回)	電気エネルギー工学　鬼頭幸生著	312	3800円
J-4 (29回)	生体工学　　　　　斎藤正男著	244	3000円
J-5 (59回)	新版 画像工学　　長谷川伸著	254	3100円

以下続刊

C-7　制御理論	D-1　量子力学
F-3　信号理論	F-6　交換工学
G-5　形式言語とオートマトン	G-6　計算とアルゴリズム
J-2　電気機器通論	

定価は本体価格+税です。
定価は変更されることがありますのでご了承下さい。

図書目録進呈◆